ADAPTATIONS

SEOUL

탈 공업화된 서울을 위한 디자인 시나리오

ADAPTATIONS

Design Scenarios For Post Industrial Seoul

2015

Eric Reeder

Spacetime Publishers

Translation

JaeHee Hwang

Seoul ADAPTATIONS
Design Scenarios For Post Industrial Seoul
탈 공업화된 서울을 위한 디자인 시나리오

Eric Reeder 지음
황재희 옮김

1쇄 2015년 7월 20일
발행인 김기현
발행처 시공문화사 (**Spacetime**)
등 록 1993년 3월 12일
주 소 서울시 서대문구 독립문공원길 13 극동프라자 5층(120-796)
전 화 02) 3147-1212, 2323, Fax 02) 3147-2626
ISBN 978-89-5592-308-7
http://www.spacetime.co.kr, spacetime@korea.com

정가 15,000원

Adaptations Seoul / Eric Reeder
ISBN 978-89-5592-308-7

Includes reference and image index

CONTENTS

1. 서론

지구상에 존재하는 수 많은 도시들 중 '불안정' 의 표본이 되는 도시를 하나꼽으라면, 서울이라는 도시 만큼 그에 적합한 곳은 없을 것이다. 시간에 따라 수도 없이 그 모습 달리하는 곳. 주목할 만한 역사적 사건들이 일어났던 곳. 많은 정치적인 외압들로 이름이 바뀌곤 했던 서울은 점령되었던 시대와 이데올로기적인 지표들을 나타내곤 했었다. 이는 때때로 서울로 하여금 논점의 중심이 되게 만들기도 했다. 예를들어 일제강점기 당시 국민들 사이에서 경성으로 인지되던 서울이 케이죠(Keijo)라는 이름으로 불려 많은 혼란을 주었던 것이 대표적이다.

서울은 사회경제 활동의 집결지로서 지역들의 중심이다. 국가 전체의 빠른 성장에 따라 급격하게 형성 된 서울의 모습은, 오늘날 이 도시의 성공적인 모습에 대한 가장 대표적인 원인이라고 할 수 있다. 5000년이 넘는 세월중에서도 이 변화의 단계들이 가장 두드러졌던 지난 100년은, 어쩌면 그 이전보다도 훨씬 더 명확하게 변화들이 나타나고 있는지 모른다. 오늘날에도 끊임없이 이루어 지고 있는 현재의 서울은, 이제 또 하나의 기념비적인 변화의 정점에 다다라 있다. 우리는 탈 산업화의 경제와 그에 대응하여 전진하는 현대화를 위해 수 없이 변화하는 도시의 모습을 고스란히 목격해왔다. 경쟁하는 경제중심지들과 제한된 자원할당 덕에, 한국전쟁을 치른 이후 지난60여년동안의 대한민국은 그저 빠르게만 발전해 때때로 '계획을 염두에 둔 개발' 에 대한 현안을 잃고야 말았다. 이러한 섣부름으로 이룩한 도시는 균형이 깨진 발전을 양산할 수 밖에 없다.

서울이라는 배경으로 이 책을 쓰려는 이유는 필자가 동아시아의 이 메가시티에 거주하게 된 연유 외에도 수없이 많다. 적어도 필자에게 서울은 (관례적인 수용 범위 내의 의미에서) 경제적이고 전문적이며 조직적인 '응용' 의 방법들이 필사적으로 필요해 보이는 장소이다. 빠르게 변화하는 겉모습의 서울은 살아있는 기관과 같다. 그리고 그것은 제어되지 않고 가끔 예측할 수 없는 방향으로 끊임없이 변화하고 성장한다. 그러나 건축가 입장에서 서울은 놀라울 만큼 영감을 주는 도전적인 도시이다. 응용은 종종 포화상태인 건축 환경 속에서 이미 존재하는 것들을 재구성 하고자 할 때, 합리적인 접근법으로 고려되곤 한다. 이는 또한 우리가 도시환경 속에서 얼마나 밀도와 밀접한 관련이 있는지 생각해보게 한다.

이 책은 건국대학교 건축대학원 adaptLAB 이라는 공동체로부터 시작되었다. 이들은 리서치와 디자인 아이디어를 엮어 여러 프로젝트를 진행했다. 필자는 복잡한 도시 서울에 대한 중요한 대안으로서 응용의 방법들과 그 현장을 찾는데 초점을 두어 지도하였다. 어쩌면 이 연구에 대한 필요성은 여러 사회 환경문제와 자원의 남용 및 오용이 촉진시켰는지도 모른다. 나는 응용에 대해 공동으로 진행된 디자인 교육으로서의 관점과 서울에 거주하는 외국인 건축가로서의 관점으로 서술할 것이다. 이 연구는 시기적, 장소적으로 급격한 변화가 일어나는 환경 속에서 특정 시간을 포착하였다는 면에서 미완성으로 남아있다.

이 책은 서울을 주제로 분석한 짧은 에세이들로 이루어져있다. 프로젝트나 아이디어들이 이런저런 방식으로 표현된 가운데 특별히 선별된 정보들이다. 이 책의 의도가 서울의 모든 면들, 특히 서울의 길고 고된 수세기 동안의 역사를 리서치하기 위한 것이 아님을 먼저 인지하기를 바란다. 이 책은, 희망컨대 복잡하면서도 급격하게 변화하는 도심지로서의 서울을 이해하는데 있어 독립된 이해관계들에게 조언하는 역할을 수행할 수 있게 하기 위한 목적으로서 편찬된 책이다. 개인적인 관점에서, 시간은 독특한 변수이다. 현재 서울이 산업도시와 탈산업도시로서의 정체성을 찾으려는 특이한 상황은 옛것을 보존하고 새것을 창조하는데 있어서 불안정한 결합을 나타낸다. 이는 그 자체로서 특별하며 기회주의적인 순간일 수 있다. 이 도시는 미래도시의 본보기로 제 스스로 설 수 있는 전환점에 있다.

현장에서의 디자인은 개인작업이 거의 없다. adaptLAB은 더 폭넓은 리서치를 위해 공동 작업을 하였다. 이러한 공동 작업들은 궁극적으로 우리 주변의 환경과 상황을 더욱더 깊이 있게 이해할 수 있게 해주었다. 이 출판물은 현대인과 출판계의 화두가 되는 환경적인 문제들에 대한 디자인연구를 아우르고 있다. 이 중 가장 중요한 질문은 '우리가 현재 직면한 여러 과제에 대하여 어떻게 분석하며 적절하게 대응해야 하는가?' 이다. 우리가 조사해온 문제들에 대해 완벽하거나 심지어 만족스러운 해결책을 찾는 것이 불가능했다 할지라도 우리의 역할은 경각심을 조장하고 대화를 불러일으키는 것 만으로도 충분할지 모른다. 아마도 어떤 면에서는 이것이 건축가로서, 디자이너로서 우리가 할 수 있는 최선인지도 모른다.

건축은 어떠한 문제에 대한 완벽한 해결방안이 될 수 없다. 그러나 건축은 여론의 경계심을 불러일으켜 문제에 대한 해결책을 강구할 수 있는 의미 있는 매개체는 될 수 있다. 어떤 이들은 건축가가 단순히 오브제를 넘어서 디자인과 연관된 사회의 팽배한 여론에 대해 반응해야 한다고 주장하기도 한다. '스타건축가' 라는 이름표가 '아이콘' 이 되어버린 시점에서 우리는 도시와 궁극적으로는 건축이 어떻게 우리 생활에 꼭 필요한 요소가 될 수 있는지에 대해 영감을 주어야 한다. 우리는 서울의 특수성아래, 공간이라는 유기적 조직이 얼마나 복잡하고 어떻게 끊임없이 변화하는지에 대해 인지했으며, 우리의 도시생활을 규정짓는 그 정적인 장소들의 중요성에 대해서도 인식했다. 즉, 우리는 우리가 거니는 거리, 머무는 공공장소들, 그리고 거주하는 건축에 대해 인식하고 있다. '스타키텍트' 라는 이름표가 아이코닉한 이미지에 대한 논란을 가중시킨 것처럼, 우리는 반드시 도시와 자연, 그리고 건축의 기초들이 융합되었을 때 생성될 것들에 대해 예리하게 고칠해봐야 한다.

이 책속의 직업과 연구들은 수 많은 학생과 전문가들의 협동 없이는 불가능했을 것 이다. 그들은 다양한 방법과 수단으로 이 작업에 집중하고 협력해왔다. 학술적이고 전문적인 지식을 가지고 서울을 분석하고 반응하면서 관심을 유도 하는 것이 필자의 목표였으며 회고하건데 이 출판이 애초에 지향했던 바이기도 했다. 의도적이지만 우연히 발견된 이 책의 결론은, 건축에 대한 연구접근 방식이 사회적인 요소를 염두에 두어야 하며, 우리는 건축교육과 실무를 탐색하는데 있어서 이 점을 매우 중요하게 생각해야 한다는 점이다.

에릭 리더
2015년 3월, 서울.

I. Introduction

If the naming of a city could ever be indication of its unsettled nature- that would clearly manifest in an urban center such as Seoul. A city unfixed in its time dependent position and notable historical shifts. Having gone through a succession of named identities, due in large part to foreign and social-political interests, Seoul has been named and renamed to suit periods of occupation and ideological states. This at times gave Seoul a polemic identity- Keij?, as it was known by the invading Japanese, staging control during Seoul's colonial occupation, and simultaneously Gyungseong, its recognized Korean name by the native peoples. Prior to this, Seoul has been known by several other names through its long storied history[1]. Its affinity for change has been reflected in what has been cast about in its proper identification. Perhaps today though we can be confident in what this metropolis has settled on; Seoul, or 'capital city' and fittingly so.

Seoul is the center of a region for numerous social-economic reasons. It now serves as a focal point in defining rapid success (and successions) having been constructed upon a collective need to forward a nation rapidly. Its stages of change, perhaps most recognizable over the past 100 years, today are no different and possibly more so than ever before. Seoul now, is at the cusp of another monumental shift; one that bears witness to the shedding of its industrial skin for advancing modernity and post-industrial form. Faced with competing economic centers and resource allocation, choices over the past 60 post war years have been rendered quickly, often lacking preplanned foresight. Within this are consequences of out-of-balance advancement.

Reasons for writing this book with Seoul as back-drop seem numerous even beyond having become a resident of this East Asian mega-city. It is a city that requires adaptive means to survive, be it economic, professional, systematic- within customary expectations- or otherwise. Seoul itself is akin to a living organism, ever changing and growing in unsuspecting and often unpredictable ways. This, from an architects perspective, is both inspiring and incredibly challenging. Adaptation again comes to mind as the responsible approach as we step to reposition what already exists within constructed environments that often appear excessively full. This leads one also to consider how we critically work with density in the urban environment. It is by necessity that Seoul has become so, and we can predict that by leading example, it continues to demonstrate creative urbanization that exemplifies merit in density.

This book is comprised of a collection of research and design ideas beginning collaboratively as part of the **adapt***LAB* in the Graduate School of Architecture at Konkuk University in Seoul. **adapt***LAB*'s common pursuits of public and socially pressing projects are contributing to greater awareness. Guiding intentions have focused on discovering adaptational means as an alternative within Seoul's complex urbanity. Perhaps its urgency has become more so with the overuse and misuse of

1. SEOUL Development Institute

resources and the straining of social conditions. We must now seek new ways to deploy mediating responses to multivalent conditions. With adaptation in mind- I speak at both levels of collaborative 'design education' and one of personal journey as a foreign Architect in Seoul. Thus, this work remains unfinished in a sense that it represents a snapshot in time, all taking shape (and attempting to fit-in) within a period and place of rapid change.

The book is organized beginning with an analysis of Seoul, presented in a series of brief essays. This knowledge has become the selective datum from which projects and ideas have emerged in one form or another. The limits of this research and insight are just that, broadly painted points of departure. Keeping this in mind, the aim of the book has not been to exhaustively research Seoul, particularly its long and arduous history. It aims however, to serve as a directive in guiding personal interests in better understanding Seoul as a complex and rapidly changing place. From one's individual perspective, the factor of time, as we may claim is often unique. It is safe to say the odd condition of Seoul now though, being caught between that of an industrial city and one that is struggling to find identity as a post industrial center, presents precarious arrangements of preserving old and generating the new. This in itself can be recognized as a special and opportunistic moment. A turning point in how Seoul might present itself as the future of city.

Design, in practice, is rarely an individual undertaking and the approach of **adapt***LAB* views the opportunity of collaborative interaction as a broader vehicle for design potential. Collaboration has ultimately provided us greater understanding of the environments and conditions around us. Our sincere roles can be seen as necessary in raising awareness and instigating dialogue collectively. To a certain extent, this is what we do best as architects and designers. Architecture is never a be-all salvation however, it can serve as a significant perceptual medium in becoming an enabler. As architects, in such pursuits, our vision must remain stirred beyond the singular object and countering what has become "bigness[2]" in prevailing design discourse. As the 'starchitect' label has furthered an agenda of iconic image, we must critically endeavor in what city, nature and the foundations of architecture combine to become.

The works and research in this book could not have been possible without the collective effort of numerous students and professionals; collaborating and sustaining a focused path, albeit though various means and methods. It has been the goal to maintain a directed interest on my part in analyzing and responding to Seoul, both in academic and professional settings, which in retrospect is further aim of this publication. Both intentional and as serendipitous result, architecture inquiry reflects the ultimate need to be interdisciplinary in approach and we might recognize this as essential in our quests of architectural education and practice.

Eric Reeder
Seoul, Korea March 2015

2. Places Design Observer, online

II. Shaping SEOUL: morphology of place

간단한 도입 단계에서는 다루기에 광범위하나, 진화하는 서울의 모습과 그의 폭발적인 성장에는 여러 가지의 요소들이 있다. 여기에서 다루어지는 것은 서울의 역동적인 변화에 기여했다고 여겨지는 (다소 주관적으로 추려진) 상황들이다. 이러한 관찰은 창의적인 연구를 위해 AdaptLAB이 힘을 쏟았던 핵심적인 관심사인 동시에, 학술적 디자인 스튜디오와 최근의 전문적인 연구를 위한 투자이기도 하였다. 건축과 환경디자인에 있어서 장소와 문화에 대한 이해는 다른 무엇보다도 중요하다. 우리는 우리가 깊이 이해하는 것에 대하여 반응하고, 깊이 아는 것에 대하여 행동으로 옮기게 된다.

시간을 되짚어, 우리는 산업화된 도시의 근원과 우리가 사는 현재에 대한 실마리를 제공하는 과거의 잔해들을 살펴보고자 한다. 디자인 작업에 대한 서론은 서울의 쌓여가는 리서치 지식과 이곳에 선사된 짧은 에세이들로부터 시작된다.

"It is seeing which establishes our place in the surrounding world; we explain that world with words, but words can never undo the fact that we are surrounded by it. The relationship between what we see and what we know is never settled."
John Berger, *Ways of Seeing*

There have been numerous factors in the explosive growth and evolutionary changes of Seoul. Presented here are select conditions that have contributed to Seoul's dynamic change. In part, these observations have been topical interest for creative research, academic design studios and professional work.

Referring back in time we can reflect on the origins of an industrializing city and the remnants that provide traces and clues to what exist now. A preface for design work is emerging from a growing body of research and a compendium of short, divergent essays.

<Fig 1> Steel shed roofs of light industry neighborhoods contrasted against the rising steel and glass of modern Seoul.
경공업 지역의 강판으로 경사진 지붕들은 현대 서울의 우뚝 솟은 철강과 유리에 대조된다

City of Production

Production is pervasive in Seoul and throughout the many 'industrial' cities on the South Korean peninsula. Striking though are the industrial conditions, having become tightly woven over the past century within Seoul's urban center. Today, Seoul is caught between waning industrialization and a morphological transition to post industrial operation. This is transforming Seoul's fabric into a regional cooperation and broader network of working productions. As a result, a contentious split between old and new, reveals odd conditions of contradiction.

What lies clearly ahead is a growing high-tech, high finance economic structure with implications demanding spatial, formal and functional change. However, in South Korea's economy of exportation, 'production' remains an extensive by-product, whether construed as metaphor within contemporary society or a physical reality of economic generation; industrial formation appears aberrantly present in the Korean metropolis.

생산하는 도시

'생산' 의 증거는 서울과 남한 반도의 수많은 '산업' 도시들 가운데 만연해 있다. 도시의 대비를 극대화시킨 것은 지난 세기 동안 특별히 서울에 많이 쌓여온 산업 형성물의 존재였다. 서울은 현재 이지러지는 산업화와 탈산업화적인 행보들 사이에 갇혀있다. 이는 서울의 피부가 지역적인 협력관계 및 더 넓은 작업의 네트워크로 발전되고 있다는 증거이다. 그에 대한 결과물로써 유별나게도 오늘날 서울과 대한민국은 현존하는 산업도시(와 국가)의 모습과 이를 새롭게 탈바꿈 시키고 있는 탈 산업화의 모습 가운데 어딘가 어중간하게 갇혀있는 듯 하다. 그러나 서울의 수출중심적인 경제에 있어 '생산성' 은 현대사회와 호흡하는 건물로 지어졌건, 경제적인 발전에 대한 물질적인 표현으로 지어졌건, 대규모의 부산물을 양산하는데 그쳐있다. 산업화의 부산물들은 대한민국의 대도시에 기이하리만치 압도적으로 퍼져있다.

그러나 분명하게도 우리의 미래에 놓여있는 것은 새로운 첨단 기술과 대형 금융 거래의 경제, 그 동안의 역사와 국가적인 필요에 따른 '생산' 이 융합된 결과로서, 이 모든 것 들이 도시를 형성하며, 나아가 재사용하게 되는 흥미로운 기회들이 생겨날 것이라는 사실이다. 이러한 구와 신의 분열이 다중적으로 겹쳐지게 되면, 오래된 것과 새로운 것이 짝짓게 되는 엉뚱한 상황이 조장된다. 그것은 역경인 동시에 서로를 세워주는 파트너가 되기도 한다. 그러나, 국가의 경제가 수출에 의지하는 한, '생산' 은 계속해서 대규모의 부산물로 남게 될 것이다; 서울에서 살아가는 현대인의 모습에 대한 은유이던, 이 경제 세대의 물질적인 실체로서 존재하던 말이다. 한국의 메가 시티 내에서의 이 '생산' 하는 산업은 정도를 벗어나있는 듯 하다.

이러한 생산적인 과정들은 서울 중심부의 명백한 주도 아래 "거대 산업 단지" 로 이름이 붙여지게 되었다. 효율적인 생산이라는 이름 하에 서울은 20세기 초, 산업화의 날개를 펴기 시작했으며, 1930년대에 이러한 산업화는 그 정점을 찍게 되었다. 서울 중심부를 가로지른 자유롭고 무절제한 산업화의 배분은 산업화된 주거환경을 빚어내는데 주도적인 역할을 하였다. 지역화된 작은 공장들은 사회 속으로 곧장 침투했으며, 도시에서의 생활과 뗄래야 뗄 수 없는 존재가 되었다. 어떤 것들은 도시가 앞으로 나아가는데 있어 오래된 톱니바퀴의 역할을 수행해 이 중 다수는 중앙집권적인 도시의 질서에 따라 주변지역으로 밀려나기도 하였다.

삶과 생산은 공존한다. 서울의 2560만 인구는 마치 공장으로 찍어낸듯 한 높다란 탑들에 수직적으로 거주한다. 이러한 탑들은 서울의 지역적 영토 전역을 지배하고 있다. 극도로 밀집되어있는 인구는 정치적 정권적 주목을 받으며 한국전쟁 이후 폭발적으로 늘어나기 시작한 도시의 시민들에게 적절한 주거환경들을 제공하는데 전력을 다하도록 만들었다. 서울은 그러한 의미에서 대량생산되었다고도 말할 수 있겠다. 필수적이기는 하나 계속해서 이익을 창출해내는 공식이 있었고, 그에 따라 극대화된 기대에 바탕 하여 모든 사람들이 찬성했던 이 이름없는 '아파트' 라는 타이폴로지의 수용을 통해 이러한 대규모의 변화가 능히 가능해졌다.

The Seoul metropolitan region has been cast as "giant industrial complex,"[3] with the management of Seoul city clearly in command. Seoul's industry blossomed in the early 20th century reaching it's apex in the 1930's. The free and unregulated distribution of light industry was paramount in shaping neighborhoods. Local, independently owned factory shops permeated, becoming fixtures within neighborhood life. Today, some of these remain as aging cogs in the cities movement forward, with others having been pushed to the fringes of Seoul's outer urban order.

Domestic life and productive work coexist in Seoul. Residents dwell vertically, perched high within homogenous towers in Seoul's regional territory of over 25.6 million people. Migrating populations prompted political and governmental oversight in providing adequate housing for exploding urban numbers after the Korean War. Seoul, one might say, has become mass produced in a sense, based upon a necessary, yet increasingly profitable formula of maximized residential expectation. All of this made possible through the unanimous adoption of the apartment typology.

3. Seoul Metropoltan Government Publications

<Fig 2> Jamsil, Seoul APT Danji ad infinitum.
서울의 잠실, 줄 지어 있는 아파트 단지

Housing ‘products,’ the apartment danji (apartment complex), have quickly become symbolic of Seoul’s first impressions. Seoul from the outside is a city of bedrooms, a contradiction amidst the private nature of Korean society and culture. Mass produced apartments today are speculative investments. Symbolically inclined, they represent ‘ahead,’ for those who wish to move up the social and economic ladder. Uniformity has bred an expected outcome in the cities future, while domestic mass production has rendered opportunistic chance a thing of urban history. Cities such as Seoul are quickly becoming predictable as we now witness.

Today, Seoul’s speculative futures in the post industrial urban-scape are ripe for new interpretations in how we manage, inhabit, exploit and work within the city.

주거 ‘상품’ -아파트 단지-가 서울의 첫인상과 마지막 인상을 상징하게 되는 데는 오래 걸리지 않았다. 밖에서 본 서울은 침실이 가득 들어찬 도시 같았다. 사생활을 중요시 여기는 한국사회의 문화와는 상반되는 모습이었다. 오늘날, 생활과 일 가운데 대량생산화를 시사하는 아파트는 투기항목 중의 하나로 여겨진다. 사회적, 경제적 계단을 올라가고픈 사람들에게는 ‘진보’ 를 나타내기도 한다. 아파트의 통일감은 도시의 미래에 예기치 않은 결과를 초래한다. 도시생활의 본질 내에 존재한 대량생산은 기회주의를 도시 역사의 중요한 요소로 그려내고 있다. 도시들은, 동아시아에서 마저, 우리가 오늘 서울에서 목격하는 것과 같이 빠른 속도로 예상 가능한 상품이 되어가고 있다.

앞으로 예상되는 탈 산업도시의 서울은 어쩌면, 여타 도시들보다도 우리가 경영하고, 거주하며, 개척하고 작업하는 것에 대해 새로운 해석을 내놓을 여지가 충분하다. 대량생산의 산물은 도시를 형성해 감에 있어 새로운 어휘들과 다름이 없다.

지리의 도시

서울의 경계는 이 정치적 지역을 둘러싼 산과 하천에 직접적으로 연관이 있다. 한국토지의 70%는 산지로 구성되어있으며, 이에 따라 자연스럽게 한국의 토지면적 이용률은 극도로 제한되게 된다. 서울의 건물들은 이러한 토지부족으로 인하여 위에서 언급한 대지의 날카로운 하향과 상승을 따라 유기적으로 건설되어져있다. 이 나라의 도시중심지들은 자연의 조건들에 맞추어져 자연스레 형성되어져 온 것이나 다름이 없다. 하나의 좋은 예로, 오래전 서울의 중심부를 높은 성벽이 둘러싸고 있었는데, 이 성벽은 가장 큰 산봉우리 4개의 등고선을 따라 비슷한 질서에 기반해 도시의 동, 서, 남, 북을 에워싸 있었다. 14세기부터 20세기까지 서울은 스스로의 성벽에 묶여있는 셈이었다.

가장 오래된 기록에 의하면, 물길과 강 하수는 도시의 경계와 주요 도로들의 수치를 형성하곤 하였다. 오늘날까지도 도로가 위치한 모양은 한강을 향해 흐르는 물길의 흔적을 닮아있다. 이러한 강의 줄기들은 도시의 생명줄 역할을 한다. 강은 그 자체로 서울을 현 위치에 있게 한 가장 핵심적인 이유인 것이다. 서울에서의 강은 그러나 특이하게도 정치적인 의견과 함께 사회적 지위를 가르는 경계가 되었다. 그 분할된 구역들은 외부적으로나 내부적으로 독특하게 구성되었는데, 지난 반세기동안 이 강은, 정치적 충성도를 조절할 뿐만 아니라 혹시 모를 홍수의 위협까지도 조절할 수 있도록 특성화 되어 존재해왔다. 물길과 지형의 형태가 서울의 골격을 형성하였고, 끝내 오늘날의 서울을 이룩한 것이다.

산세와 구릉진 언덕을 닮아 조밀한 무리를 지은 건축물들은 오래된 도시 주거환경의 무계획적인 특성과 꼭 닮아있다. 특별히 서울의 도드라진 건축적 방언인 단층집약형 주택들은 도시 전역에 고루 분포되어있다. 불규칙한 이러한 양상들은 수세기가 지날동안 온전히 보존되어 역사의 발자취로 남아있다. "방, 주택, 토지, 도로와 같은 형태적인 요소" 들이 불러일으킨 마이크로 효과가 서울의 전통적인 피부표면을 구성하고 위계적인 질서를 공간화시키지 않았는가 하고 보는 학자들도 있다. 교통과 위생 시설물들은20세기 중반에서야 이전의 농업 중심적인 모습을 탈피한, 도심과 외곽의 차이가 심히 줄어들은 오늘날의 모습이 되었다. 따라서 이러한 도시형성기의 서울은 아이콘적인 건축물들로 인식되어졌다기보다는 융화로운 전체, 즉 위계적 질서와 매일의 통근이 이룩하는 변화의 집합체로써 조직적인 형태로 자리매김하게 되었다.

City of Geography

Seoul's boundaries have grown in direct relation with the very mountains and rivers that shape its definitive boundary. In a country with severe limits in land area, it is estimated that approximately 70% of South Korea is designated as mountainous terrain. Seoul, by default, has been constructed with the earths sharp rise and fall. And in general, urban centers on the Korean peninsula have adapted alongside natural conditions of the environment[4]. By example, the historic center of Seoul was bound by fortification walls, tracing the contours of four distinctive mountain peaks to the east, west, north and south of the cities center. From the 14th through the 20th centuries, Seoul was self-contained within its stone wall fortifications.[5]

From the earliest maps, waterways and rivers established means of boundary and public thoroughfare. Street patterning continues to reveal the contour of water route winding towards river and tributary valleys. The Han River long ago established a strategic desire in locating Seoul where it now stands. River paths are life sustaining veins in cities. Distinctively in Seoul however, the Han River is divisive in shaping public opinion and social status. Its partition is uniquely portrayed as inclusive and exclusive, over the past half century, having been engineered for maximum control in flood prevention and simultaneously a demarcating edge in political allegiance. Natural features considered, water corridors and topographical disparity have established skeletal demographics in Seoul.

Compact and clustered architectures, influenced by rolling hillsides and mountainous terrain, contribute to the unplanned character of older city neighborhoods. Small areas of single story clustered architectures remain in Seoul as traces of history. It has been suggested the micro effect of "morphological elements as room, house, plot and street[6]" have shaped the cities "traditional tissue" and hierarchical spatial ordering. Not until the mid 20th century did modernizing efforts in transportation and sanitary infrastructures begin to transform its agrarian appearance, altering what had been limited differentiation between places of dwelling and places of commerce within the cities fortified walls. Thus, in its infancy, Seoul was recognizable not so much by individual architecture 'features' but rather its collective whole; an organic mass shaped by hierarchical expectation and the ebb and flow of daily exchange.

4. Journal of URBAN MORPHOLOGY, online.
5. The Seoul Metropolitan Government, online.
6. Journal of URBAN MORPHOLOGY

<Fig 3> Namdaemun-South Gate Seoul 1904.
1904년, 서울의 남대문

Urban cartography reveals historical lessons and morphology of place. However, little remains of measured accuracy with regards to mapping the nucleus of historic Seoul. What has been preserved from centuries past were not records of exacted measure, nor means of scalable distance or quantifiable constituent parts. Historical maps were rendered interpretations, marking cultural points of interest in approximation and reference to significant geographic features. Notable highlights of palaces and topographical forms punctuate painterly illustrations. Seoul's 'secrets' in a sense remained just that, expressed in artistic caricatures for the privileged knowledge of upperclass elite.

Today, nostalgic reverence prevails as city dwellers climb out of neighborhoods onto adjacent urban peaks. This is the myopic limit of many residents relative to geography now. What was once a seamlessly constructed urban to land form relationship have turned divisive as conditions are often at odds. Precarious mountainsides have been sliced away and retained with stories high retention to hold back the weights of earth. Geologic integration and careful negotiations have become tests of engineering, some of which, have recently failed to mitigate summer monsoon flash floods and sliding mountain sides. The results have been deadly and devastatingly destructive.

Seoul's topographical boundaries have become more of a filter, as the city squeezes through narrow highway corridors, tethered to southern satellite-city threads. The mountain boundaries, much like the Han River are gateways to achievements of economic rise. In a sense, geography has become a scalable hurdle for those migrating from the south to north, in gaining Seoul residency.

종종, 도시의 지도들은 역사적인 교훈과 함께 공간의 변화과정들을 나타내는 지표역할을 하곤 한다. 철저한 정확성으로 고대 서울의 중심지들을 기록하고자 할지라도 실존했던 물질들은 어느 정도 손실될 수 밖에 없다. 그러나 수세기 전부터 계속해서 존재하는 것은, 철저한 측정에 의존한 발전도, 정량화된 도시의 구성성분도, 목표지향적인 의도의 계측 가능한 입지도 아니었다. 한국의 전통적인 지도들은 특징적인 지형요소들에 기반하여 중요한 지점들을 눈대중으로 기록한, 정확한 계측과는 거리가 먼 다소 주관적인 해석을 그려내었다. 궁전은 강조되고 지형의 형태는 평면의 지도에 간간히 묻혀진다. 어떤 의미에서는 서울의 '비밀' 이, 특권적인 상위계층이 독점했던 지식들을 보호하기 위해 그려진 거친 캐리커처와 같은 허술한 지도모양에 담겨 있다고 해도 과언이 아니다.

과거에 대한 향수는, 도시민들이 거주지로부터 나와 도시의 이러한 특이지역들을 찾을 때에서야 비로소 드러난다. 이는 다수의 주거지들이 가진 근시안적인 한계점으로, 오늘날의 지형과 깊은 관계가 있기도 하다. 이전에는 지형과 어우러져 조화롭게 건축되었던 곳들에 이제는 건축과 조경이 어긋나기 시작하면서 시각적인 갈등들이 일어나게 된 것이다. 언덕은 불안정하게 잘리어 나가고 높은 공학적인 벽들은 흙과 물의 하중을 무리해서 받치게 되었다. 이전의 통합적이고 조심스러웠던 협상들은 이제 공학기술의 실험대상으로 뿌리채 대체가 되었다. 최근 들어 여름 장마철의 갑작스러운 홍수들과 산사태들을 수용하지 못해 화제가 된 현상들이 바로 그것에 대한 결과물들이다. 실험의 결과는 치명적이었으며 대단히 파괴적이었다.

서울의 지형적 경계는 도시의 일부가 좁다란 고속도로를 통해 위성도시들로 연결이 되는 필터의 모습을 하고 있다. 산지로 이루어진 이러한 경계들은 마치 한강과 같은 경제적 성장으로 통하는 관문이 되었다. 서울시 인구가 계속해서 증가하고 있다는 현실에 입각해 생각해봤을 때, 이 산지들은 외곽 지역에 사는 이들에게 수도로 들어가기 위한 결정적 장애물이었던 셈이다.

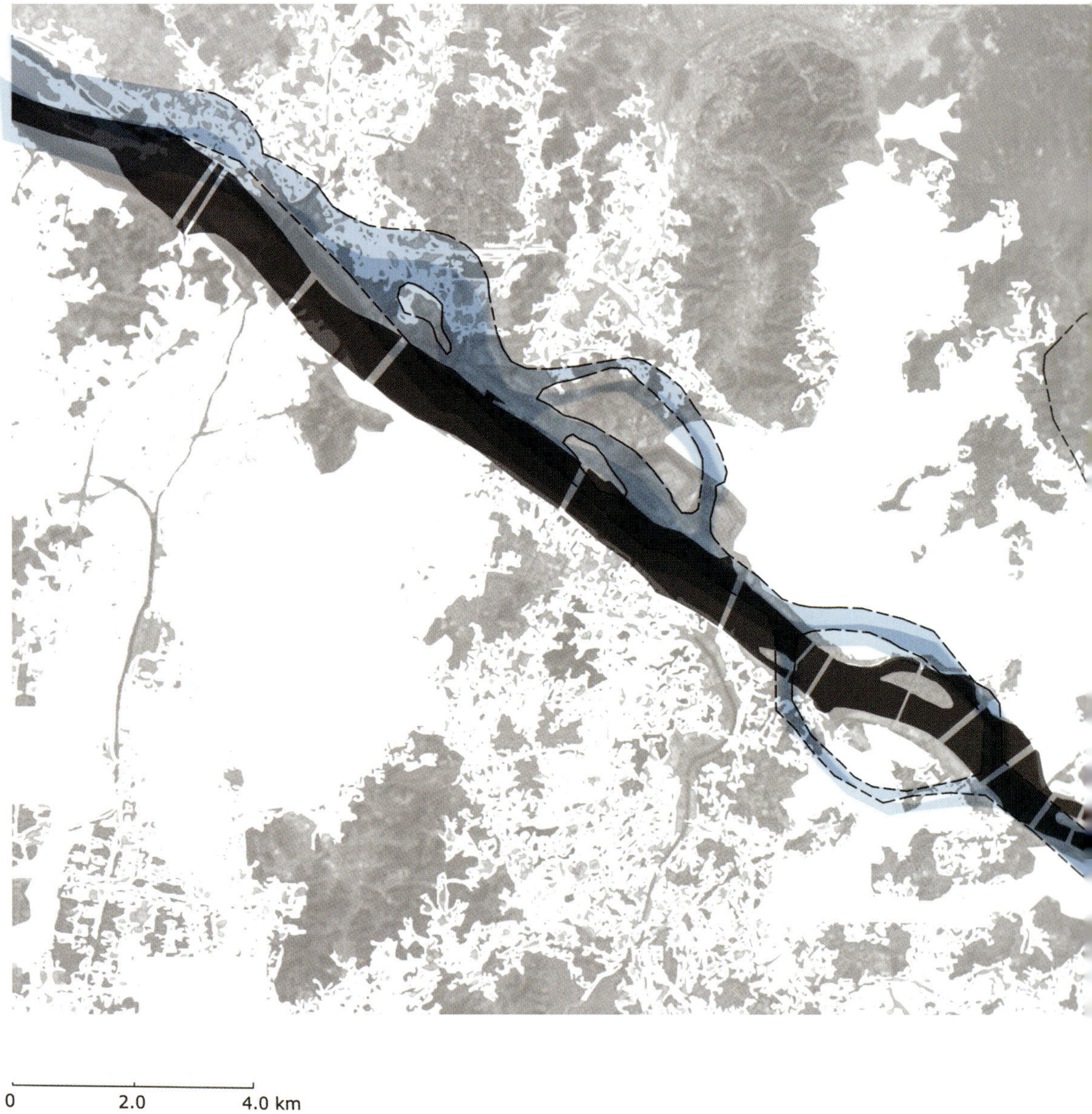

<Fig 4> Han River transformation over the past century. The meandering overlay and present day route in dark gray.
지난 세기 한강의 변화. 구불구불한 흐름은 덧씌워져서 오늘 날의 짙은 회색 길이 되었다.

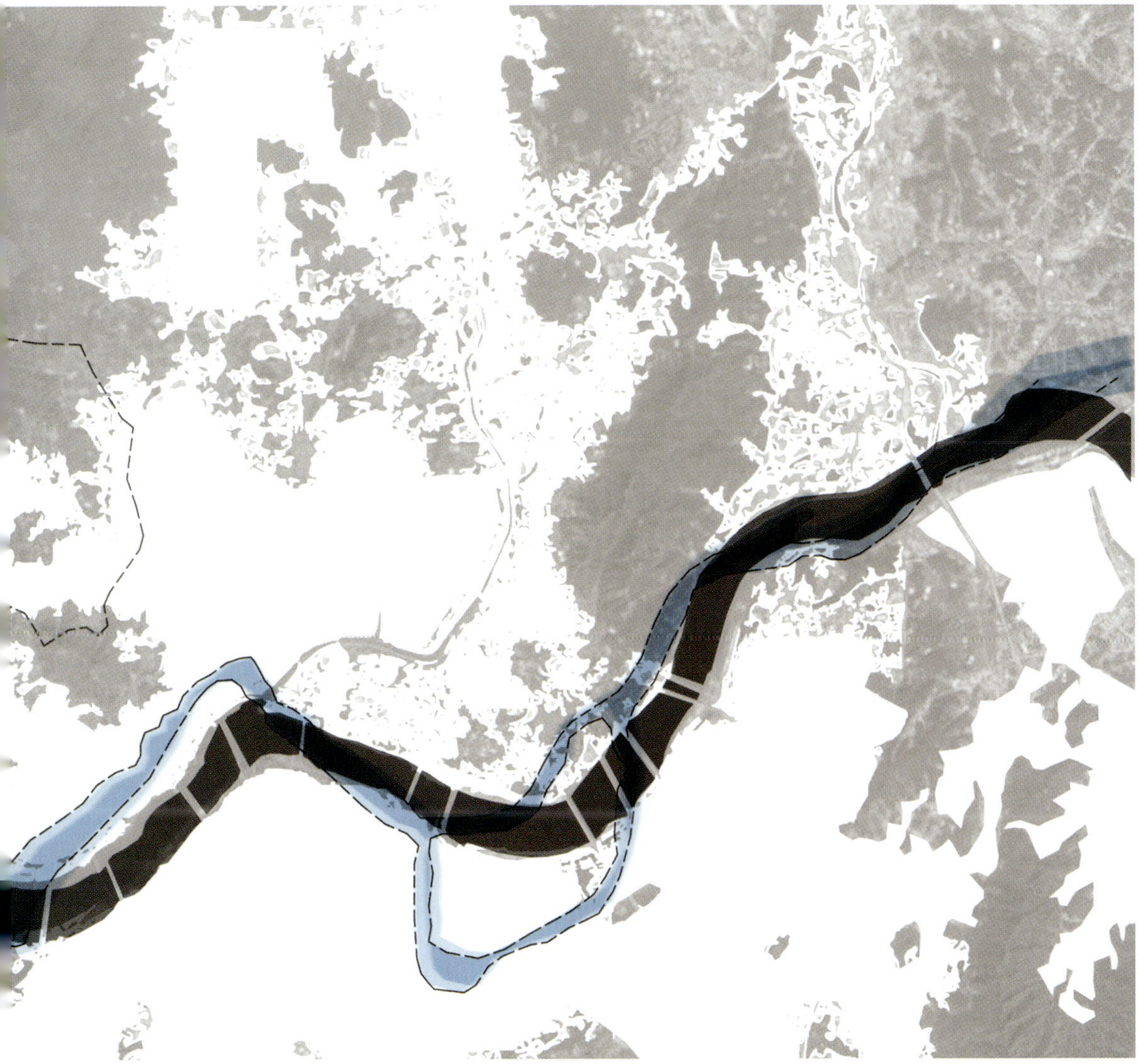

일시적인 도시

서울은 다수의 중심지를 가지고 있는 대도시 지역 중에서도 '도심지' 로 주목을 받았다. "지방자치" 는 이러한 경쟁하는 파당들에 대한 서울시 정부의 공식적인 명칭이다. 한국정부는 서울의 밀도 높은 혼잡을 완화시키고자 수도의 남쪽에 위치한 세종시에 새로운 정부 중심지를 건설하기로 결정을 내렸다. 인천의 송도 신도시와 같이, 또 다시 새롭게 생겨나는 마을과 도시들은 지방분권을 형성하는데 일조하며 최근 그 잉태를 준비하고 있거나 완성되고 있다. 이 모든 행보들은 서울이라는 도시를 더욱 더 넓고 커다란 지역으로 확장시켜 나가고 있는 바와 다름이 없다. 그러나 특별히 이러한 중심지들을 연결하는데 사용될 기반시설의 주변들과, 이전부터 있어 왔던 지역주민들에게 있어 이러한 신도시의 행보가 어떠한 미래를 가져올지 충분히 생각해보지 않을 수 없다.

어쩌면 최근의 이 다중 극지 점들의 몸부림은 서울의 개발에 있어서 독특한 행보인지 모른다. 우리는 다중의 지점들이 밀고 당기는 현상들과, "지역 영토" 내에 지어진, 이를테면 불확실하며 변화가 잦은 건설 등 과 같은, 새로운 도시기관을 위한 각 단계들을 고려해야 할 것이다. 도시화는 넓은 의미로 불확실하며 지속적인 변화들을 의미하게 된다. 서울은 순간적인 충동들을 독립적인 도시들로 고형화하여 경제적 문화적 이점을 기반으로 한 더 넓은 의미에서의 도시화된 지역을 추구하고 있다. 이들은 기존의 도시들을 흥분될 법한 생활편의시설들과 유명한 건축물들로 재구성하여 편성하게 하고자 한다.

City Temporal

The elusive Seoul 'core' has emerged in a metropolitan region of multiple centers[7]. "Local autonomy" is Seoul City governments official designation for such competing urban factions. The national governments decision to construct a new governing center, Sejong City, to the south of the capital in an effort to alleviate dense congestion, appears to feed an indecisive struggle for stable centrality. Other new towns and cities are being conceived or have been recently constructed, such as Songdo new city at Incheon, contributing to an increasingly multi-headed region. What future does this hold for the nuances of local conditions and older neighborhoods that may lay in the path of 'new city' plans or in facilitating infrastructural connections amongst a web of competing centers?

This multi-polar struggle through recent history is unique in Seoul's developmental flight forward. However, we might consider push and pull from multiple points and trajectories as cause for a new type of urban organization that builds upon "regional territories.[8]" Urbanization to a larger extent that anticipates uncertain and constant shift. Seoul has materialized in momentary impulse, as independent cities within the larger context of an urbanized region, compete for economic and cultural recognition via attractive amenity and architectural prominence.

7. Seoul Metropolitan Government

8. Shrinking Cities Vol. 2, INTERVENTIONS

<Fig 5> Commercial facades covered in signboards in Jongno neighborhood. Facades are the ever changing canvas of Seoul's commercial front.
종로 지역 건물들의 외벽은 상업 광고들로 둘러싸여있다. 파사드는 서울의 광고적 화폭으로 변화하고 있다

The anticipation of change is central in Korea today, so much so that newness is warily expected, even bordering perhaps on its demanded calculation. We witness this in many neighborhoods throughout Seoul, with constant spatial turnover. The street front of a typical commercial corridor displays a temporal reality. Supply and demand alter commercial facades to the point of non-recognition within a few years short time. This cycle of change perpetuates a new form of commodified aesthetics.

Seoul has willfully adopted a rabid commercialization with abundant, marginal quality, cast-in-place concrete structures. This generic framework is continuously recycled, having become suitable for plug in and pull out commercial activity. Thus, the greatest capacity for quick change has already been fashioned into the contemporary Seoul fabric via ubiquitous and nondescript architectural 'foundations'. With little forethought, this by-product of new Seoul is an adaptable remedy for constant alteration. Much of Seoul sits in wait, accepting alterations that are inevitably placed upon it, one storefront at a time, in piecemeal fashion.

대한민국 사회는 이러한 변화들을 주목하고 있으며, 더불어 이에 대한 미래들을 예측하고 있다. '새로운 것' 들이 선두적인 기세로 솟아날 것이며, 어쩌면 필요로 하는 그 수량마지 넘이 버리게 되지 않을까 전문가들은 우려한다. 이러한 상상들이, 서울을 비롯한 도시들 어느 곳에서나 끊이지 않는 공간의 매출들로 표현되어지는 것을 우리는 목격해왔다. 길가의 전형적인 상업적 복도들은 일시적인 실재를 전시할 뿐이다. 이들은 수요와 공급을 도시의 파사드로 시각화하여 향후 짧은 수년안에는 도저히 알아볼 수도 없는 경지에까지 이르게 할 것이다. 이러한 변화의 순환들은 그 주변의 상황들이 계속해서 심미성을 추구하게 할 것이긴 하되, 그 조차 쾌락과 순간에 머무는 상품들로 구성되어 견고함과는 거리가 멀게 될 것이다.

서울은 최저품질의 풍요로움과, 지극히 기초적인 현장콘크리트를 이용하여 지어진 중층 빌딩들, 그리고 콘크리트 기둥과 지붕들로 정리되는 의도된 과격한 상업화를 추구하였다. 이러한 유전적인 뼈대들은 지속적으로 재사용되어 상업적 활동의 플러그를 꽂았다 뺐다 하기에 적합화된 형태를 지속하기에 이르렀다. 이러한 빠른 변화에 대한 가장 큰 수용력은 어디에나 있는 법칙화된 건축 '기초' 로, 현재의 서울은 이미 보편적으로 내재하고 있는 것 이다. 지극히 적은 사고만으로도, 이것이 물질적 세속에 대한 사전숙고 없이 발생된 새로운 서울의 부산물임을 알 수 있다. 대부분의 서울은 조용히, 이 피할 수 없는 변화들을 수용하며, 단편적으로, 혹은 상점 한 곳씩, 불가피한 트렌드의 교체를 수용하여 나가고 있다.

전시의 도시 (디스플레이)

서울의 지하철은 1971년에 처음 건설되기 시작하였고, 곧이어 1974년도에 민간인을 대상으로 첫 시행을 하게 되었다. 지하철 1호선은 9.54km의 철도를 따라 달리며 도시 외곽의 남서 방향에서부터 북동지구 방향으로, 정확히는 서울을 대각선 방향으로 가로지른다. 지하철은 그 당시 기록적인 속도로 건설되었으며 서울에게 꼭 필요했던 대안적인 교통수단을 제공함으로써 길거리 교통혼잡을 완화시키고 대중버스의 운행을 원활화시켰다. 서울 메트로는 이미 수차례 야기되어진 대로, 서울의 도시경계선을 인근 지역으로 연장시키는 역할을 하고 있다. 그들은 총 연결거리 975km의 19개 노선을 운행하며, 도쿄의 지하철 시스템을 바짝 추격하는 전세계에서 두 번째로 가장 많이 이용되는 지하철로 자리매김 하고 있다.

서울메트로는 공간적인 발전과 재구성에 관한 한 주목하지 않을 수 없는 눈부신 결과물을 탄생시켰다. 지하철은 지상의 서울과 함께 시간을 달려왔으며, 지상과 지하에 연관된 새로운 형태의 다면적인 개발들에 대해 선구자역할을 제시하였다. 지하공간의 연결고리와 통로들은 스스로 공공서비스, 정보주지와 상업적인 관심 공간들을 제공하며, 도시 아래의 또 다른 도시를 이야기한다. 그러나 서울메트로는 또한 역 사이에 존재하는 지하공간을 성장시킨 것과 더불어 수평적으로 또한 발전해왔다. 주택들은 시장에 발맞추어 공급되어왔으며 교통편과 역전에 따라 수많은 곳에서 기하급수적인 형태들로 양산이되었다. 이처럼 서울 메트로는 공간을 발생시키고 또한 재구성시키는 아주 흥미로운 사례로 손꼽힌다.

City Displaced

In 1971 construction commenced on the first subway line in Seoul and opened for public transit service in 1974. Subway line 1 extends 9.54 km[9] and diagonally bisects the city from the far south-west corner to the furthest north eastern districts. It was constructed in record pace and provided Seoul a much needed transit alternative, alleviating the congestion of roadway traffic and the limits of public bus mobility. The Seoul Metro has since pushed Seoul's urban boundary outward. A system 975 km in length, encompassing 19 rail lines, it has become the second most used subway in the world trailing only Tokyo's metro system.

The Seoul metro has established a compelling case for spatial generation and regeneration, as subsets of what has emerged between stations parlay extensive subterranean development. Underground networks and passages reveal a city under the city, complete with self sufficient public services, information points, and commercial interests. The subway has marked time with Seoul above and has in many ways become an instigator of new development at both ground surface and below. Desirability and sale-ability of real estate demarcate where residents speculatively buy-in. Housing stock has kept pace, and in numerous instances ballooned exponentially, growing along transit lines and station hubs. The metro has acted centrally in underpinning the hopes of merchants and dreams of homeowners sidestepping urban boundaries, displacing surfaces under and in some locations above city streets.

9. Seoul Development Institute

<Fig 6> Underground corridors in central Seoul connect transit populations to subway trains and endless commercial corridors.
서울 중심부의 지하도는 이동 인구들을 지하철과 수많은 상점으로 연결한다

Vast networks of transit space and the residual subway infrastructures are invasive to a degree. Elevated tracks above urban thoroughfares are intrusively divisive in neighborhoods. Wedged in, they cast awkward shadow over undesirable places of commerce and dwelling. Yet within the density of Seoul, this oddity is a limited pause for hesitation. What is apparent are missed opportunities of infrastructural and spatial adaptation alongside stretches of elevated obtrusion.

The Metro is part of a ritual experience for many every day. The daily commuting cycle has relocated urban experiences, with many riders relegated and confined to underground tunnels of utilitarian passage. Displaced, it's passengers are denied the physical nature of the city above. Commuters are absorbed in personal digital devices and other distractions inside of quick moving box cars. Seoul and its physical spectacle above is a place of memory and segmented experience. Passengers surface for air when necessary, and forget that in-between points A and B there exists a world of change. Has the physical city ceased to matter?

And so we arrive here, in recognition of the fragments that comprise Seoul, today in its accelerated evolution. How do we account for and adjust to the complexities of Seoul's urban milieu?

방대한 네트워크의 공간과 지하철 시설의 부작용들은 급속히 퍼지고 있다. 도시 위의 고가도로와 같은 지상철도들은 이웃간의 분열을 초래하는 침범 요소중의 하나이다. 좁은 틈 사이로 끼워진 그들은, 상권과 주택과같은 적절하지 못한 공간들에 그늘을 드리우게 된다. 그러나 혼밀한 서울의 모습은 이러한 비정상적인 모습들에 대면하게 되었을 때 아주 잠시의 망설임만을 남긴채 눈을 감고 관용하도록 우리의 감각들을 마비시켜왔다. 분명한 것은 적절한 인프라 구축의 기회들이 사라졌으며, 주변부에 공간적으로 필연적으로 '적응' 해야 할 이러한 개발들이 그 역할을 잃고 그저 강압적으로만 변화되었다는 것이다.

지하철 시스템은 일상 속 의식절차중의 하나이다. 출퇴근의 굴레는 공공의 도시경험을 대체하고, 지하철을 실용적, 상업적 통로로 격하시켜버렸다. 출퇴근하는 사람들은 격리된 지하인이 되어 서울의 실체를 잊어버렸다. 우리는 말 없이 전자미디어와 같은 피상적인 오락에 정신을 빼앗기며 상자와도 같은 전철 속에서 운반되어왔다. 서울과 그 위로 보이는 물리적인 경관들은 추억을 담은 공간이며 단절된 경험에 머물러있다. 필요할 때에만 지표면을 접하며 그 나머지 시간을 지하에서 해결하는 도시민은, 목적지 A와 B 사이에 인지되지 못한 변화의 세계가 있다는 것을 잊곤 한다. 실체적인 도시의 모습은 이제 경험의 대상이기를 멈추고 말았다.

조각난 정지화면들과 파편 난 실체를 가진 채 우리는 결국 의문의 결론에 도달한다. 서울의 복잡한 도시환경을 건축가로서 어떻게 다루어야 하며, 이에 대한 적응의 문제는 또한 어떻게 해결해야 하는 것인가?.

III. Adaptations (and anecdotes) of place

적응: 어떠한 기관이 환경에 맞추어져 변화가 일어나는 것.

적응은 건축이 실행되는데 있어 필수 불가결하다. 건축 요소들의 실행과 시공은 조심스러운 설계와 현장에서의 협상을 필요로 한다. 이것은 위에 놓인 정의에 따르면 확실한 적응의 예이다. 예시로, 한 구조물의 기초공사와 그 지형의 토양 및 상황에 맞게 필요한 것을 생각해야 한다. 이것은 적절한 수단으로써의 적응을 말하며, 구조물이 지속되는 동안의 안전과 장수를 위해 필요한 것이다. 마찬가지로 우리는 건축과 건축을 구성하는 성분들로 하여금 요구되는 구체적인 '환경에 대한 적응' 을 다양한 방법으로 검토해야 한다.

환경디자인은 적응의 방법들과 그 적용들을 더욱 깊이 관여시킬 수 있게 한다. 과거의 잔해와 폐기물들을 활용했을 때, 이러한 환경디자인의 요소들이 적응의 방법을 거치게 된다면 앞으로의 서울에 매우 유효한 기능들과 용도들을 선사하게 될 것이다. 우리는 증가하는 자연재해의 빈도수와 재생 불가능한 자원의 부족, 그리고 버려지고 노후되어지는 도시건축물의 증가와 강제 이전된 소외민들을 가장 문제시되는 환경적인 역경들로 보고 있다. 현시대의 환경디자인은 적응적 재개발의 현장으로써 이러한 도전적인 기회들을 책임지고 개선해 나가야 한다.

" The only legitimacy of the street is as public space. Without it, there is no city."
Spiro Kostof, The City Assembled

Adaptation: A change by which an organism becomes suited to its environment.[10]

Adaptation is a necessity in architectural performance. The implementation and construction of architectural components require careful planning and negotiation on site- by definition, an adaptation to be certain. Consider for one, structural foundation and its requirements suitable to soil and topographic conditions. This is an adaptation of appropriate means, necessary for the safety and longevity over a buildings lifetime. Likewise we might examine a multitude of other ways in which architecture and its constituent pieces are required to adapt to the specifics of environment.

Means and applications of adaptation can go further in environmental design. The remnants and discards of yesterday are a viable resource for repositioned function and use tomorrow. In light of environmental challenges we now face; increasing frequencies of natural disasters, non-renewable resource shortages, aging and abandoned urban environments, relocated and marginalized populations, to name a few. These present challenging opportunities in which environmental design is responsibly positioned for adaptive recourse.

10. New Oxfords American Dictionary

공공장소의 적용

도시들은 공공의 공간으로 인해 형성되고 기억되어진다. 공동으로 사용하는 공간들과 거리들이 편의적, 경험적 그리고 심미적으로 도시구조에 필수적인 역할을 한다는 것을 역사는 잘 나타내고 있다. 서울의 경우, 지난 100년간 도시의 변화는 공공도로와 간선도로의 모습에 극적인 변화를 일으켜내었다. 서울의 길거리들은 수세기동안 우연한 시민활동이 조합되어 낳은 산물이었다. 이에 대해 도시계획과 도심디자인 분야는 창의적이며 목적중심적인 접근을 하곤 하였다. 많은 서울의 거리들은 시급한 개인적인 수요만을 충족시키는 인프라로써의 반응과 기본적인 필요에 대한 반응 그 중간 즈음에 머물러 있다. 이는 도시발전의 실수에 동요하지 않는 거주민들을 가진 이웃공동체의 특성에 의거한것이기도 하다. 서울의 공간적인 변화는 공공의 주변환경과 그에 대한 적응에서 보여진 바와 같이 즉각적인 필요의 성격을 가지고 있다. 이는 즉석 해서 건설되곤 하는 주택지의 근시안적인 정체성에 따른 결과물이기도 하다.

다행히도 서울의 발전은 '오래된 도시' 라는 정체성을 보존하면서도 동시에 팽창을 염두에 둔 적용적 발전들을 감행하고 있다. '길' 은 한국에서 수 세기 동안 여가활동, 상업활동과 자체적인 삶의 변화를 위한 통로로 사용되어왔다. 이러한 '길' 들은, 우연히도 오늘날까지 한반도에 분포해 있는 수많은 시골들과 도시들을 연결하는 문화적인 끈을 상징하고 있다. 이 좁다란 유기적인 통행로들은 시골의 환경과 한반도에 두루 분포한 보다 큰 도시들에 문화적인 조직들로써 고루 나타나고 있다. 그들은 시간에 따라 조절되고 변경되고 적응하는 동안 그들이 나타내는 단체의 공식을 최대한 잘 나타내려고 한다. 그러나 오늘날, 보다 위대한 도시 블록들의 위계질서에 따라 실행되는 재개발들과 자가용에 의존적인 길들은 생명력을 잃어가고 있다.

PUBLIC Adaptations

Cities are shaped and recognized by public space. History demonstrates public commons and streets are essential to urban organization as necessities, manifest both experientially and aesthetically. As we look to Seoul through the last one-hundred years, it's changes have revealed dramatic transformations of public ways and thorough-fares. Public ways in Seoul were for centuries, formed via happenstance activity. Urban planning and design have only recently come forth as creative and objective tools. Many Seoul streets continue to settle somewhere between formations of infrastructural requirement and that of basic necessity in meeting the immediacy of individual needs. The results of which are personalized neighborhoods unfazed by city oversight.

Fortunately, Seoul's progress has preserved pockets of 'old city' character while simultaneously undergoing expansive adjustments. The 'gil' (narrow public alleyways) have for centuries been corridors for leisure, commerce and domestic life. These narrow organic passages, as cultural organization and form, are common in both rural settlement and larger cities throughout the Korean peninsula. They are uniquely identifiable as they become marked, adjusted and reconfigured, essentially adapting through time. Today however, contained within the greater hierarchy of urban blocks, redevelopment and auto dependency are threatening their existence.

<Fig 7/8> Sidewalk and public areas negotiate fragmented spatial conditions.
인도와 도로의 절충은 분열된 실제 공간의 결과이다.

Active Seoul streets prompt undocumented additions and ad hoc alterations by individual residents. Encroaching in the public realm; signs, awnings, outdoor seating, extended commercial space, are accepted as functional necessity, serving to promote commercial and domestic interests. Yet, even with regulation public space is often appropriated with unmanaged and distorted application. Seoul, as a result is uniquely unsettled, whereby necessity takes precedent over regulation. As designers we must ask ourselves, how can design strategies in the public realm continue to contribute to the unplanned culture of Seoul's fabric, while balancing the general publics interest, without compromising it's unique character?

서울의 길들을 따라 이루어지는 활동들은 개개인의 활동으로 인해 생산된 계획되지 않은 부속물들과 건물의 즉석적인 개조가 나타나는데의 주요한 원인이다. 부속물들은 상권과 지역 편의의 윤활제역할을 하기 때문에 도시의 운행에 따라 꼭 필요한 것들이다. 그러나 도시의 규제가 있음에도 불구하고 공공의 공간들은 통제되지 않은 변화들로 가득하다. 서울은 그에 대한 결과로 인해, 편의가 규칙을 누르고 성장한 독특하리만치 불안정한 모양새를 하고 있다. 이 시점에서 우리는, 디자이너로서 스스로에게 질문을 해야 함이 분명한 듯 다. 무계획적인 문화를 가진 서울의 현실속에서, 디자인 전략은 그 독특함을 절충하지 않은채 필연적으로 간직한 그들의 문제점들을 해결할 수 있을 것인가?

<Fig 9> Parklet' in San Francisco, California, is a reclamation for provisional public space, replacing street side automobile parking with citizen friendly 'micro-parks.'
캘리포니아 샌프란시스코의 'Parklet' 은 시민 친화적인 '소규모 공원' 과 더불어 자동차 도로의 주차공간을 대체하며, 공공 장소 제공을 위한 개간지다.

CREATIVE Operatives

Over the past two decades a demonstrable rise in socially responsible architectures and community based design initiatives has become evident. Local, grassroots initiatives and academic associations have established foundational projects addressing the needs of diverse populations. These have ultimately become catalysts (some perhaps in theory) for social improvement and sources of community and neighborhood renewal efforts. Independent research and design groups such as reBAR in San Francisco, California have initiated public realm appropriations. ReBAR has made a fashionable statement in San Francisco by reclaiming street side vehicular parking spaces as public 'park' space. The 'Parklet' phenomenal example has visibly gained notoriety around the city in staking ground for community public space in place of automobiles.

Public projects embrace environmental awareness at times when our profession puts image and personal status above social and environmental responsibility. There are numerous reasons for undertaking such projects. Importantly, as designers we are stewards of the built and natural environments. Built places which, invariably consume vast quantities of natural resources to sustain lifestyles, while simultaneously providing the necessities of shelter, livelihood, and leisure. It is upon us to evaluate choices in environmental design that are responsively connected to proximate contexts and recognize resource consumption.

창의적인 직공

지난 두 세기 동안 사회적으로 책임감 있는 건축물과 공동체에 근거한 디자인 계획은 괄목할만한 성장이 있었다. 지역의 민중이 계획하고 학계의 단체들이 설립한 기초적인 프로젝트들은 주민들의 이러한 다중적인 수요를 나타내고 있다. 궁극적으로 이 프로젝트들은 (어떤 것들은 가설로서) 사회의 발전과 공동체의 부활을 촉발하는 계기가 되기도 하였다. 이 이단아들은 과거에 무명시절을 혹독하게 거쳐왔으나, 이제는 디자인 논의에서 활발하게 언급되는 존재가 되었다. 샌프란시스코의 reBAR와 같은 독립적인 단체들은 공적 영역을 위한 계획들을 이미 시행 중에 있다. reBAR는 샌프란시스코의 도로변 주차공간을 공공의 공원으로 주장하는 트렌디한 발표를 하였다. 'Parklet' 은 매우 성과가 큰 예시였으나, 또한 동시에 어쩌면 개인적일 수 있는 도시 주변의 주차공간을 도시민 모두의 공간으로 빼앗은데 대해 원성을 산 바가 있다.

위 예시와 같이, 이따금씩 건축분야에서 시각적인 아름다움과 개인이 느끼는 공간적인 경험들을 사회나 환경적인 책임보다도 우선으로 둘 때 되려 환경을 포용하게 되는 결과물이 나오곤 한다. 이러한 프로젝트를 진행시키는 데에는 수많은 이유가 있을 수 있다. 우리는 기본적인 주거의 필요사항과 공동체의 활동성, 그리고 레저를 충족시키면서 이에 따라 자연자원들을 대량 소비하며 건설하는 생활방식을 유지해왔다. 환경디자인적 관점으로 이러한 맥락에 적절하게 반응하면서도 우리가 사용하는 자원들을 소중히 여기게 하는 것은 환경디자인을 주도하는 우리에게 주어진 과제가 아닐까 싶다.

<Fig 10/11/12> Clearwater cabin constructed of salvaged lumber by students from the University of Manitoba's Department of Architecture.
매니토바 대학교 건축과 학생들은 폐자재로 클리어워터 오두막을 구축했다.

The Clearwater Studio, directed by Lancelot Coar, of the University of Manitoba's Department of Architecture has worked in rural Manitoba over the past several years. Under Professor Coar's guidance, the studio has become known for its material deconstruction missions, with donated labor and technical assistance from local communities notably, the town of Clearwater, Manitoba. The studio has sought out to reclaim abandoned structures and in doing so uncover a wealth of reusable resource. Material re-appropriation has given second generational consideration (and use) to structures long past useful functions.

Clearwater studio often appropriates abandoned architectural lumber and re-uses it for publicly viable places. One recent project demonstrates students designing and constructing modest cabins from salvaged lumber to supplement a need for guest residences in the small town of Clearwater. Volunteers and technical assistance from community residents, alongside design students, has opened avenues of collaborative possibility in achieving projects benefitting rural communities.

매니토바 대학교 University of Manitoba 건축과의 랜슬롯 코어 Lancelot Coar 교수가 지도하는 클리어워터 스튜디오 Clearwater Studio 는 매니토바의 외곽에서 지난 몇 년 간 작업한 전력이 있다. 이 스튜디오는 교수의 지도 하에 재료들을 분해하는 프로젝트로 이름을 알리게 되었다. 이들은 기부된 노동력과 기술적인 보조를 지역 커뮤니티, 더 구체적으로 말하자면 Manitoba, Clearwater 에게서 지원받았다. 이 스튜디오는 버려진 구조물들을 재사용해 건축에 사용할 수 있는 재생가능한 자원이 현실적으로 더없이 풍족함을 증명하였다.

이 스튜디오는 버려진 건축목재들을 주기적으로 수거해 공공 공간과 그 곳에서 사용될 공용물들을 만드는데 사용했다. 최근의 한 프로젝트는 클리어워터의 거주자 필요에 반응한 간단한 오두막집을 짓는 것이었다. 클리어워터 지역 사회는 자원봉사와 기술자를 자처함으로써 디자인 학생들과 함께 작업해, 실질적으로 지방 커뮤니티를 이롭게할 수 있는 협업 프로젝트가 가능하다는 것을 또한 증명했다.

우리는 이 클리어워터 스튜디오의 성공을 최근의 짧은 다큐멘터리 영화, "교육을 통해 짓는 지속 가능한 공동체"를 통해 살펴볼 수 있었다. 영화는 여러 방면에 있어 그들이 다룬 수업 내용이 더할나위 없이 교육적인 실습이었음을 분명하게 전달한다. 디자인 스튜디오로서의 적극적 역할은 이제 커뮤니티와 이러한 작은 마을들의 공공의 삶을 생산적으로 끌어들이는데 있다. 이러함으로 우리는 평범하지 않으면서도 풍요로운 해결책을 제시하는 지속가능한 디자인을 실습할 수 있게 된다. 프로젝트의 성과는 개개인의 역량을 능가하며 그동안 주목받지 못했던 작은 마을들에게 영감을 심어주는 괄목할만한 결과를 낳았다.

We might reflect upon the title of a recent short documentary film, conveying Clearwater Studio objectives, “Building Sustainable Communities Through Education.[11]” It becomes resolutely clear, a path of educational lesson at several levels. The active role of the design studio engaging communities and the anticipation of energized public life in small towns. In doing so, we discover solutions in sustainable design practice using uncommon yet resourceful methods. The work rises well above the individual as collectively inspiring for projects otherwise and most often overlooked to the benefit small towns anywhere.

11. “Building Sustainable Communities Through Education” online.

adapt*LAB*

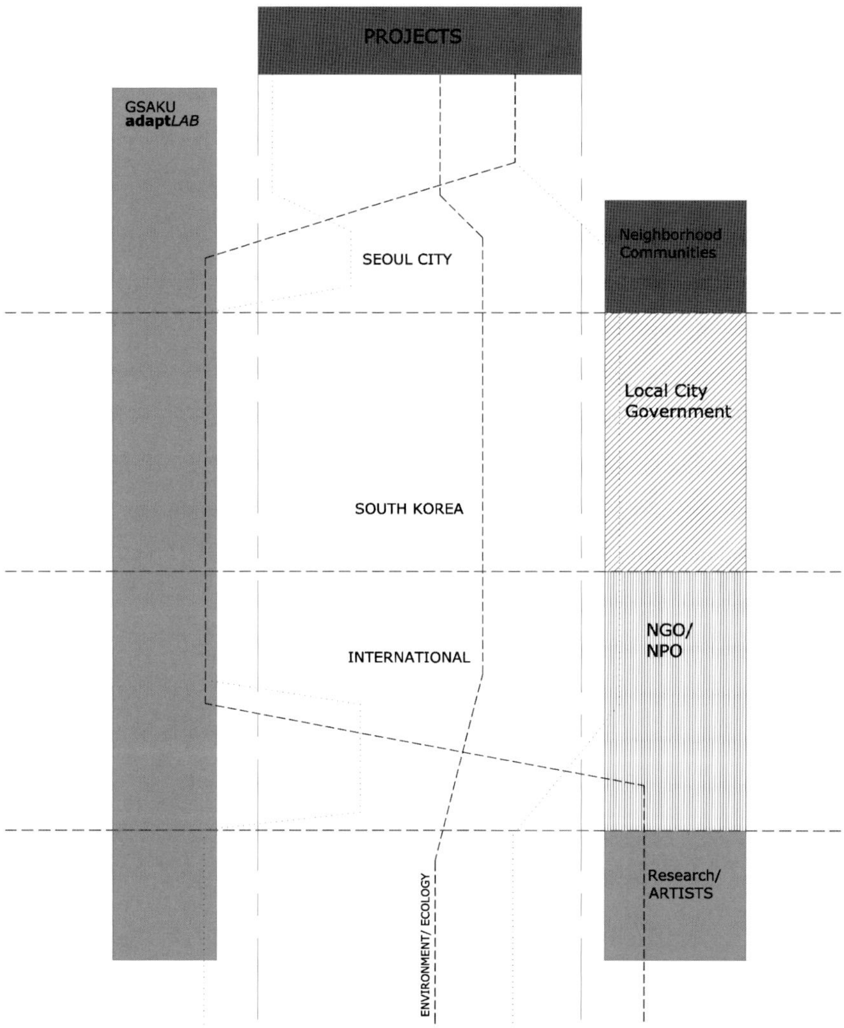

<Fig 13> collaborative threads of engagement.
참여 협력단계의 접점

FRAMEWORK for Design Studio: Adaptations in the Public Realm: adapt*LAB*

Can our work as design students and professionals benefit from collaborative, community based projects? The immediate answer is arguably yes, however critical and logistical answers are likely much more complex. Identifying and organizing potential public projects has been a central objective of **adapt***LAB* from its inception.

adapt*LAB* launched in 2010 as a design research initiative within the Graduate School of Architecture at Konkuk University in Seoul. The work of **adapt***LAB* is interested in pursuing collaborative projects with input from local communities, artists, designers and other organizations in order to propose site specific adaptive installations within complex urban environments. This has been realized through site installations, public exhibitions and written publication. The work of **adapt***LAB* has positioned itself to promote the enhancement of marginalized urban spaces, as well as places of everyday functional and lively importance to local inhabitants.? We are attracted to the mundane and oftentimes overlooked, aging and 'discarded' conditions in the city, with curious interest in cultivating appeal from the banal.

디자인 스튜디오를 위한 골조 세우기 공적 영역에서의 적응: adapt*LAB*

공동체의 일부분으로서 시행 하는 이러한 협동 프로젝트가 디자인 학생들과 전문가들을 이롭게 할 수 있는가? 즉각적인 대답은 그렇다는 것이다. 그러나 비판적이고 논리적인 대답들은 훨씬 더 복잡하다. 잠재적인 공공의 프로젝트들의 정체를 인지하고 조직화시키는 이러한 프로젝트들은 **adapt***LAB*의 시초로부터 주목되는 중심적인 목표의 하나였다.

adapt*LAB*은 2010년도, 건국대학교 건축대학원의 디자인 연구실에서 그 시작을 고했다. adaptLAB의 연구는 지역 공동체, 예술가, 디자이너들, 기타 다른 기관들과 협동 연구하며 서울의 복잡한 도시환경에 맞춘 디자인을 선보인다. 이 연구는 설치물, 공공 전시물, 그리고 출판물을 통하여 실제화되었다. **adapt***LAB*의 연구는 하찮게 여겨져 왔던 도시 공간들 뿐 아니라, 도시민들의 일상생활 속 기능적인 공간들을 더욱 더 나은 방향으로 승격화 시켰다. 우리는 평범하며 흔히들 아무 생각 없이 지나치는, 낡아서 버려지는 도시의 환경에 강하게 이끌린다. 지극한 평범함 속에서 그 공간만의 매력을 발굴하는 일에 호기심을 느낀다.

adapt*LAB*의 작업물들은 형태가 정해져 있지 않다는 틀 아래서 발전된다. 우리는 현재의 프로젝트가 제각기의 방법으로 공간에 대한 자각을 일깨워내는 것 처럼, 연구의 기초를 형성하며 창의적인 아이디어들을 기록하며, 지역사회가 디자인 과정에 어떠한 역할을 불어넣었는지를 깨닫고 널리 알리는, 기존의 것을 보존하는 하나의 방법이 될 수 있을 것이라고 생각한다. 연구결과와 가설에 기초한 디자인 프로젝트들은 현재 서울의 낡은 산업지역들에 진행되고 있다. 디자인 업무는 교체가 잦아 연대감이 느슨한 구성원을 바탕으로 진행된다. 그러나 공동체의 중요성에 대한 인식과 환경디자인에 대한 관심이 그들이 작업하는데 흥미를 불러일으킨다. 연구와 작업의 행보는 공간들과 그들의 상태를 자각하고 공공디자인의 기초들을 지역사회가 필요로 하고 관심있어하는 분야들과 연결시키는 것을 기반으로 하였다.

본 서적에서 언급되는 프로젝트들은 앞으로 있을 지속적인 협동에 대한 노력을 나타낸다. 그 결과물들은 공정 방식만으로도 지속가능 하도록 설계되어있다. 때로는 재사용 하는 것이 우리의 설계컨셉과 접근 방식에 중심적인 역할을 한다. 우리는 구조물이나 건축자재들을 재사용하는 방법들을 통해 지역 내에서 제공되는 것을 최대한 이용하기로 했다. 프로젝트들은 학생들과 자원봉사자들의 노동과 문서작업에 의해 경제적으로 실행 되었다. **adapt***LAB*은 디자인 스튜디오의 교육에 대한 비판적인 접근을 취했고, 개념과 창의성을 발전시키는 작업과 동시에 실제로 적용해 현실화하였다. 사회 정치적인 변화들과 환경적인 이슈들이 언론에 기재되며 그에 따라 사회의 필요가 확장됨에 따라 우리의 작업도 계속해서 진화해갈 것이다. 디자인은 스튜디오 내의 제도판과 컴퓨터로부터 벗어나야 하며 그것을 위해 우리는 우리에게 익숙한 안전지대 밖으로 진출해야만 한다.

서울의 현대화 과정은 부조화스러운 도시환경을 남겼다. 서울의 재빠른 전진 속에서 현대화와 이의 눈먼 '작업' 은 부조화한 대중시설물들과 그에 따른 부조화한 도시형태를 남겨놓았다. 그러나 이 도시 또한 시간에 따라 변화될 것이다. 도시 내의 다수의 지역구들은 최근 (경제적으로) 달갑지 않은 환경들이 조성되었는지를 재검토하기 시작했다. 우리가 '건축' 이라 생각하는 영역 사이에 있는 모든 존재들과 그 외부에 있는 모든 존재에 대해 자각하기 시작한 것은 이제 도시가 재구성될 준비가 되어있다는 뜻이다. 달음박질하는 서울의 급박한 도시화는 우리가 대중과 공공시설을 어떻게 디자인하고 재구성해야 하는지에 대해 고찰할 수 있는 기회를 열었다.

adapt*LAB* operates within a fluid organization. We believe that current projects can be mechanisms for preservation, as each project stands to bring awareness of place, establish a base of research and creative idea documentation, while promoting and recognizing community input in the design process. Research and speculative design projects are currently underway throughout Seoul's aging industrial neighborhoods. Design propositions rely on revolving members with loose association. Importantly however, working interests gestate from a collective awareness in public and environmental design interests. The research and work ventures forward, identifying places and conditions, weaving public design initiatives with community needs and local interests.

The projects presented in these pages represent trajectories for ongoing collaborative efforts. The work is intended to be inherently sustainable via implementation methods. Reuse is often central in approach and intended conception. Efforts have been made to utilize what is available locally by way of salvaging resources and materials. The projects are economically viable as students and volunteers participate in the required labors and documentation. Significantly, **adapt***LAB* has taken the position of critical approach in design studio education, recognizing the need to merge conceptual and creative development alongside the pragmatics of real world application. By growing necessity our work will continue to evolve in what we read as pressing in social, political and environmental issues of our time. We are committed in design reaching beyond the confines of studio desks and computer monitors, engaging outside our comfort zone.

The city is predicated upon adapted change through time. Seoul's modernizing progress leaves traces of incongruence. Its districts have been challenged to reexamine what have become undesirable and critical situations, either in careful response to or systematic removal. We recognize everything beyond what we define as traditional 'architecture' being opportune for new interpretations, as evident now, with rapid urbanizations having opened opportunities to rethink what 'public' means to cities and society.

도시/두 배 두 배/도시

산업 도시

산업은 동시대의 도시에 있어 빠질 수 없는 산업중의 하나다. 건축사학자이자 비평가 케네스 프램프톤 (Kenneth Frampton) 은 도시화와 산업에 대해, 그들이 진화하는 도시환경 내에서 동시에 발생했으며 오랫동안 함께 해왔다고 이야기한다. 프램프톤은 찰스 파우니어가 (Charles Founier) 주장한, 생산과 삶이 함께 엮어짐으로 사회를 향상시킨다는 19세기 발상을 차용했다. 파우니어의 개념정리에 의하면, 생계와 생산 위에 세워진 모든 것은 깔끔하게 정리정돈 되어 있으며, 그 사이의 도로들을 치우는 것은 도시의 어지러움이 넓어지는 것을 완화시킬 수 있고 이로 인해 "산업생산과 사회기관" 의 연결이 현실화 될 것이라는 것을 알 수 있다.

이론적으로 그럴듯한 반면, 그에 대한 현실은 조금 다르다. 산업화는 도시화된 사회에 더욱더 밀접하게 관련되어 온 것이 사실이다. Fournier가 19세기에 우상화하였던 시야들은 산업이 결국에는 도시에 세속적 권위를 끼친다는 것을 보지 못했다. 어쩌면 이것이 자본주의의 현실이며 도시환경에 전이되어온 현상의 중심인지도 모른다. 우리는 이제 이제까지 진행되어온 것 처럼 계획되어지고 실행가능해진 일시성을 눈으로 직접 확인해보고자 한다. 산업의 토대들은 그 모든 도시공간들-. 한 종류의 산업분야가 쓸모없어지거나 파산하게 되더라도 이는 흔히 있는 진화의 단계일 뿐이다. 산업과 그것이 내주하는 건축적인 껍데기들은 그대로 살아 움직인다. 그들의 영향과 각인들은 버려진 건물들과 흉터진 대지에 너무나도 선명히 증거로 남아있다.

CITY/ DOUBLE DOUBLE/ CITY

The Industrial City

Industry is integral in the contemporary city. Architecture historian and critic Kenneth Frampton elaborates on urbanism and industry, to the extent that each have conceptually been longstanding components of coinciding thought within the evolving urban condition. Frampton highlights Charles Fournier's 19th century utopian visions through an integrated domesticated industry, where production and life are intertwined for the betterment of society. In conceptual arrangement, Fournier contends that superstructures of dwelling and production are neatly housed and organized, clearing a path in which, the reduction of expanding city "squalor" can be mitigated, and the coupling of "industrial production and social organization" be realized.[12]

While theoretically intriguing, the realities of industry and urbanized society have been paired more contentiously in recent times. Fournier's 19th century idealized view failed to recognize the temporality that industry inflicts on city. Perhaps this is at the core of the capitalist condition and what has been imparted on the urban form. We now witness temporality as expected in due course, planned for and even made possible. Industrial underpinnings are pause for consideration in all that urban places and our built environment in general have extended to become. Even though one industrial kind or another will eventually become obsolete or ruinous, as is often the evolutionary path. Industry and its architectural shells live on. It's impact and imprints are unmistakable evidence in abandoned buildings and scarred landscapes.

12. Frampton, Modern Architecture a Critical History

<Fig 14> Industrial *life* on display at the Crystal palace outside of London and presuppositions of society and industry as one.
런던 외곽의 크리스탈 궁. 산업이 곧 생활처럼 보여지고, 사회와 산업의 동격화가 예상된다.

We might look to the critical eye of photographer Edward Burtynsky as reminder of industries far reaching and profound impact on the environment. Burtynsky has managed to expressively capture compelling photo documentaries of transformed landscapes and urbanized regions of industrial neglect. In his words, "nature transformed through industry,[13]" the arresting images vividly expose our quest for extraction and use. His work examines how consumptive lifestyles are often far removed from sources of origin, resulting in traumatic global (and local) scars. Burtynsky presents an "open" interpretation of such repercussions, given the range of scales at which he works. The underlying common factor though is temporary processes leaving irreparable footprints in our globalized world.

우리는 어쩌면 사진가 에드워드 버틴스키의 비판적인 눈으로 산업이 환경에 끼치는 영향을 기억하게 될지도 모른다. 버틴스키는 방치된 산업지역들과 변형된 조경지역들을 사진문서로 강렬하게 표현하는데 성공하였다. 그의 단어들로 풀어내자면, "자연은 산업을 변화시켰다." 시설을 사로잡는 이미지들은 구분과 활용을 위해 우리들의 요구를 선명하게 공개한다. 그의 작업들은 강박적인 라이프스타일들이 종종 세계적인 (그리고 지역적인) 흉터를 남기는 근원적인 자원들로부터 멀어지게 했는지를 알게해준다. 버틴스키는 그가 작업하는 규모의 폭을 통해 "열린" 해석을 선사한다. 그럼에도 불구하고 그에 기초적인 공동요인들은 글로벌화된 세계에 회복할 수 없는 발자취들을 남기는 과정들이다.

13. Edward Burtynsky, *online*.

<Fig 15> How we expose our consumptive selves (in one form or another) was a reoccurring theme in late Gordon Matta-Clark's work.
우리가 우리 자신의 (하나의 형태 또는 다르게) 소비경향을 드러내는 방식은 후기 고든마타클락의 작품의 주제로 재해석되고 있다.

The late artist Gordon Matta-Clark was perhaps one of the earliest installation artists to recognize industry as a foreshadowing agent in contemporary society. Matta-Clarks "cuts" in the fabric of abandoned industrial space, exposed what he considered to be the new "layers" of social consumption.[14] The acceptance of a fateful temporality, surgically incised, for the world to witness, came to pass. The photo documentation of strategically select, clean-cut slices in abandoned industrial structures are all that remain of Matta-Clarks exploitations. And reminders of a persistent temporal reality. Temporary has in fact become the new permanent as we build to produce what is desirable at any given moment and then systematically discard. Even if indirectly, we plan and construct for limited life expectancy.

What does this hold for the future of post industrial cities and, the environmental consequences of widely ignored reckless consumption?

비교적 늦은 시점에 출현한 예술가, 고던 마타클라크(Gordon Matta-Clark)는 어쩌면 산업이 현재 시대 사회에 불길한 존재일 것임을 깨달은 가장 이른 예술가였을지 모른다. 마타클라크는 산업 지역으로 상징되는 직물들을 "잘라" 새로운 소비 사회의 "지층"을 드러낸다. 필연적인 일시성을 받아들이고, 외과적으로 깊게 짼뒤, 세상이 볼 수 있게 작업하는 것이 그의 작품이었다. 현실에 나타난 일시성이 지속성으로 재고되어야 한다고 이야기하는 현대사회의 서울에 제시된 독촉장과 그 의미가 비슷하다. 일시성의 현실적 발현은 기실 우리가 현재의 필요에 맞는 것을 건축물로 지어내고, 또한 그 필요가 없어짐에 따라 시스템에서 분리시켰을 때, 도시에게 영속성에 대한 재고가 필요하다는 것을 힘써 외치는것과 다름이 없다는 것을 알아야 한다. 만약 우리가 간접적으로라도, 건축물들의 짧은 수명을 염두에 둔채 계획하고 건설한다면 어떨까.

탈산업화의 도시들과 보편적으로 하찮게 여겨져왔던, 신중하지 못했던 환경적인 소비와 관련해, 이 도시가 건내는 미래는 과연 어떤 것일까?

14. Graham, Dan, Gordon Matta-Clark

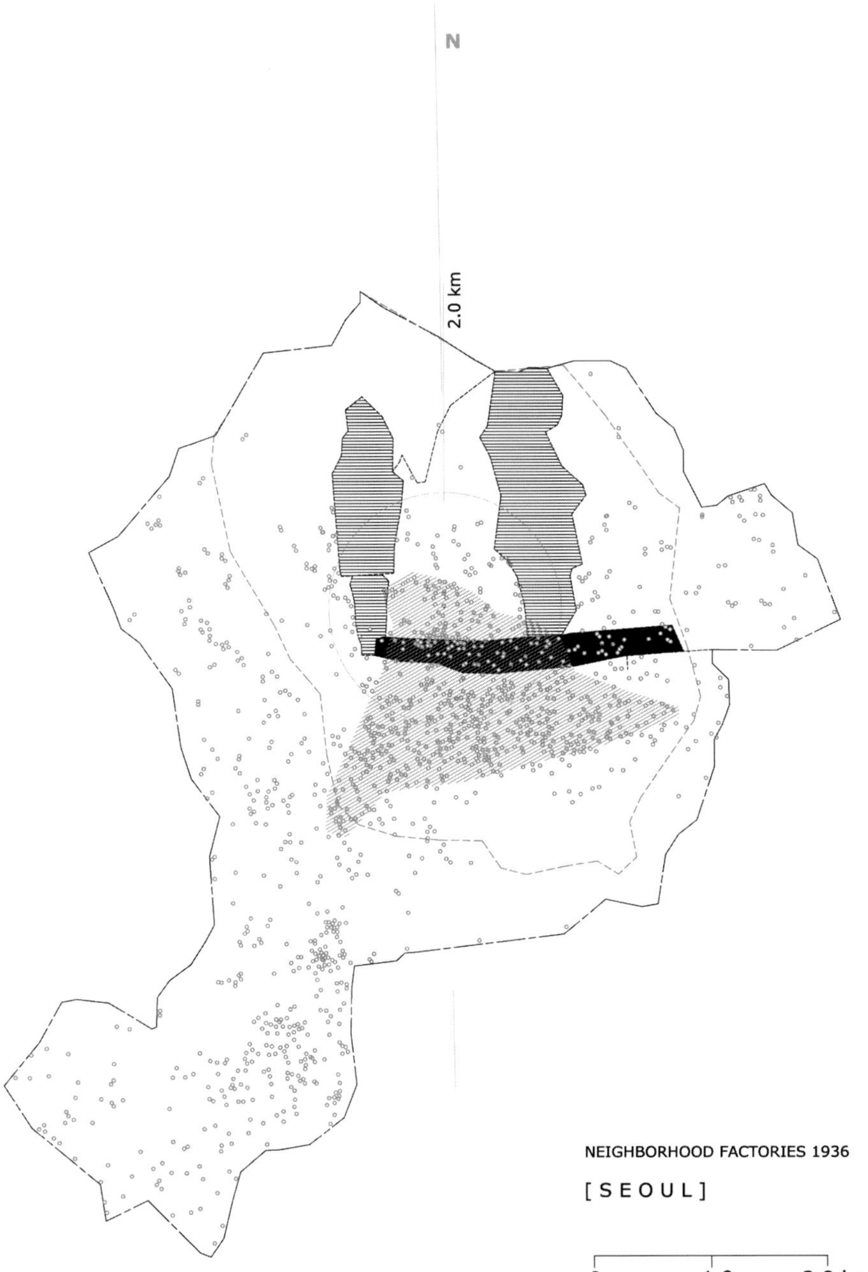

<Fig 16> The free distribution of small factories throughout central Seoul, 1936.
1936년 서울의 중심부 도처에 작은 공장들의 무분별한 분포

SEOUL INDUSTRY

The unregulated distribution of small, light industrial factories in 1930's central Seoul became the nucleus of South Korea's productive course. The combination of small scale factory and domestic life merged in forming neighborhoods, and in a sense, established integrally intermingled work and living conditions. The ease with which industry was woven into domestic neighborhoods, became a freeform model of dense urban generation. Even today, some of these neighborhoods remain after eight decades and persist as productive economic cogs in Seoul's older urban core.

Early on, small industries of specialized production relied on adjacent neighbors for materials and labor, forming condensed networks of cooperation. In Seoul, this cooperation established 'neighborhood factories' covering entire blocks. This was once dominant throughout the city as industry proliferated. Its continued perseverance remains in limited concentrations, found in electronics fabricators, metal works and shrinking garment districts. What exists now, competes to be relevant in the post-industrial age.

산업도시 서울

서울 중심가에 소재한, 규제되지 않은채 분포되어있는 1930년대의 작은 경공업 공장들은 대한민국의 생산 업무의 핵심적 역할을 하였다. 작은 규모의 공장들과 지역주민의 일상은 지역공동체를 형성하며, 또다른 의미로는 완전히 부대끼는 환경들을 형성했다. 산업이 지역공동체로 스며든 것은 높은 밀도의 도심세대에 자유로운 모델이 된 것이나 다름이 없었다. 오늘날까지도 이러한 공동체들은 80년이 지난 지금까지 경제의 맞물리는 꼭 필요한 조각중의 하나로 그 생산을 멈추지 않고 있다.

이른 시기, 특수한 생산을 하는 작은 산업들은 주변지역의 마을공동체에 소재와 노동력을 의지했다. 이는 협업이라는 밀집된 네트워크를 구성하게 하는 중요한 요소가 되었다. 서울에서는 이러한 협업들이 블록을 점령하는 "도시공장"을 형성하였다. 독립적인 산업들이 빠르게 확산되기 시작하면서 이것은 도시내에 점점 흔한 장면이 되었다. 그들은 특히 전기분야의 제작자들, 금속공업자들, 그리고 점점 줄어드는 의류시장들이었으며, 그들은 지속적으로 그 규모가 제한적으로 유지되어 왔다. 현재 존재하는 공장들은, 탈산업화의 시대에도 가치가 있는 존재들이며, 산업화된 사회와 경쟁하기를 피하지 않는다.

<Fig 17> Compact industrial shops continue to thrive in pockets around Seoul.
They subsist as support services for larger industries, in effect establishing functionally cooperative neighborhoods.
서울 전역의 밀집한 상점은 제한된 소규모 공간에서 계속적으로 번성한다.
그들은 상위 산업체에 서비스를 제공하며 근근히 살아가며, 사실상 주변 공장들과 협력 관계를 수립하였다.

Small scale, privately owned industrial shops, today can be found in the neighborhoods of the Jongno district and Yeongdongpo district. Invariably however, Seoul's mid-century, foundational DNA is disappearing as productive industrial place is raised and replaced by repetitive commercial demand. What the city faces now, in aging-in-decline neighborhoods, warrants deeper consideration in how we rethink post industrial development, particularly in far east nations with rapid urban change. Emerging conflicts with redistribution and evolving industrial practice have paralyzed neighborhoods, especially in Seoul, caught between new advancing development and local interests to preserve community culture and urban identity.

작은 규모로, 개인 소유의 공업가게들은 종로구와 영등포구의 지역공동체에서 쉽게 발견이 가능하다. 그러나 예외없이 서울의 중세기에서는 천편일률적인 산업수요로 인해 그 기반적인 유전자였던 산업공간으로서의 특성이 사라지고 있다. 도시가 마주보는것은 이제, 나이들 수록 쇠퇴하는 공간들 뿐이다. 이들은 우리가 생각하는 탈산업화의 새로운 개발에 대해서 재고하게 만들며, 너무도 급격하게 발전되고 있는 극동 지역의 특성을 더욱 심각하게 고려하게 만든다. 재분배의 문제와 공업적인 실행을 재활성화시키고자 하는 의도는 마찰을 일으키며 마을공동체들을 재개발과 도시의 정체성 및 공동체 보호의 관점 사이에서 그 무엇으로도 진행되지 못한채 머물러있게 만들었다.

<Fig 18> The new limits of urban industry, Seoul.

서울 도시 산업의 새로운 제한성

<Fig 19> Industrial networks have spread across South Korea, forging new boundaries, corridors and links. Industry is the skeletal structure of the nation.

산업네트워크는 새로운 경계, 회랑, 연결점들을 구축하며 한국 전역에 퍼져있다. 산업은 한국의 기반구조이다.

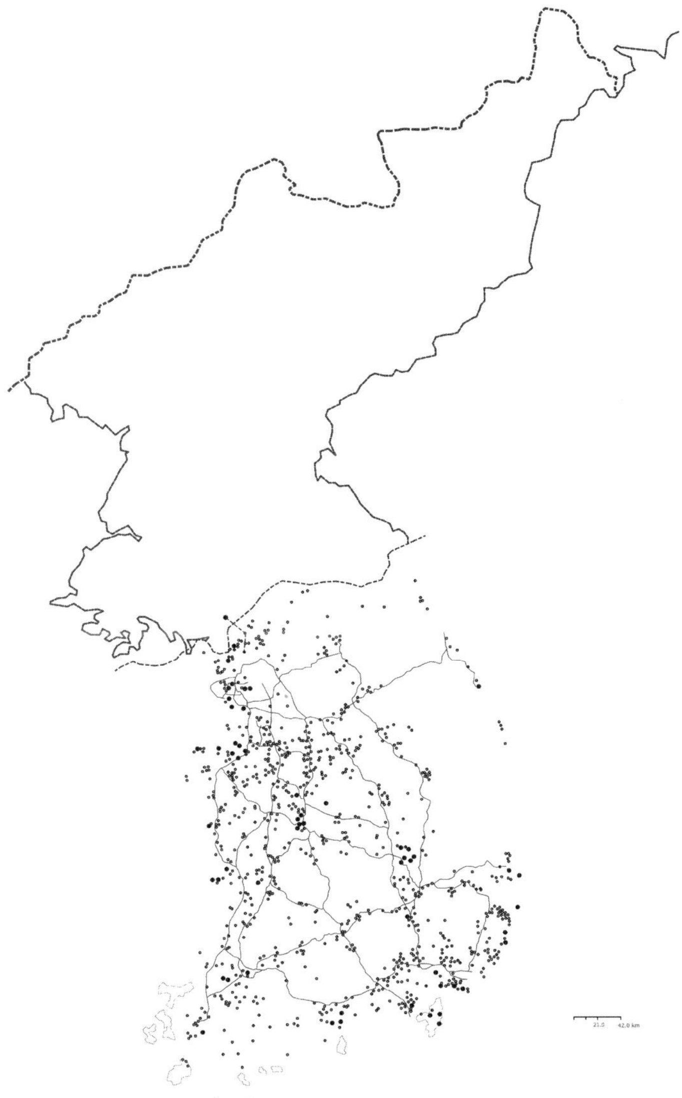
21.0
42.0 km

서울의 서북부에 소재한 파주시를 예로, 산업이 문화적 관심의 아이콘적인 관점에서 새로이 전성기를 맞이하고 있는것처럼, 산업적 도시들은 일반 재창조되고 있다. 파주는 단일 기능의, 출판사와 그와 연관된 분야들이 밀집된 산업 집중 지역이었다. 파주 산업단지는 쟁쟁한 건축가들의 디자인을 전략화 하여 눈에 띄는 건축물을 이용해 산업환경을 브랜드화 시켰다. 교수이자 학자 섀넌 마턴 (Shannon Mattern) 이 지목하는 것처럼, 파주는 생산과 극대화, 그리고 기능이 있는 산출물에 대해 고민함으로써 '공원' 의 정의가 이야기하는 단순하고 따분한 구조물들의 나열을 능가한 곳이다. 파주시는 스스로 도시의 핵심적 가치관들을 넓히며 상업적 관심과 관광적 관심을 모두 유치해 건축적 만족을 성취하고 있다.

일반적으로 건축이나 도시계획이 가진 가능성은 산업지역을 개발하는데 가장 나중에 고려되는 요소이다. 이에 반하여, 파주시는 접근할만한 방식으로, 오히려 공간에 대한 창조와 건축의 이미지가 출판작업과정에 평행선을 그리는, 환대에 가까운 작업환경을 조성해냈다. 서울중심지와 파주시의 규모적인 거리감이 자원적 연결고리를 제공해주는 중심도시로서 책집필자들에게 필요를 충족시켜주는 것이다. 복잡하고 바쁜 서울과는 거리적으로 떨어져 있는 파주는 도시의 밀도있는 규제들로부터 자유하고 산업적인 형성에 괄목할만한 예외가 될 수 있는 기회를 제공하고 있다.

한반도의 다른 공업마을들은 이와 비슷한 일차원적인 생산들을 기반으로 하고 있으며, 그들은 계속해서 파주시가 그러한 것 처럼 그들만의 매력을 추구하고자 한다. 예를 들어 구미시는 한반도의 중심지에 위치해 있고, 끊임없이 다각도의 모델로써 계속해서 그 정체성을 재발견하기를 게을리하지 않았다. 구미시가 기반으로 하는 하이 테크놀로지의 매력은 대중적 관심과 상호작용을 불러일으킬만 하다. 이 도시는 이제 매년 디자인 공모전들과 학술토론회들을 열어 산업화의 환경적 수모들을 이전시키는 전략들을 제시하고 지역적인 대중 환경을 발전시키는 아이디어들을 얻고자 한다.

The industrial city is being reinvented. Consider by example Paju City to the north west of Seoul, unique in the way specialized industry is being recast as an iconic point of cultural interest. Paju is a mono-functional concentration of book publishing and related business. It demonstrates a conscious effort to rebrand the industrial condition though visible architectures, strategically designed by high-profile architects. As professor and scholar Shannon Mattern points out, Paju "is the industrial park remade[15]" forgoing what are typically nondescript structures in arrangement, rethinking production, maximization and functional output. Paju demonstrates the benefit of architectural appeal in attracting both commercial interest and visitors alike as it seeks to broaden instantly made cultural value.

Architectural and planning merit are often lastly considered in developing industrial areas. Paju, on the other hand, has organized an approachable, even inviting work environment where place making and aesthetic image support the book publishing process. Surmountable however, is a sizable distance between central Seoul and Paju and the necessities of what a core city offers in resource connections to book publishers. In standing alone Paju has distinguished itself from dense urban confines and so affording opportunity to establish a notable exception in industrial formation.

Other industrial towns on the Korean peninsula have been built as similar mono-production bases without however, the destination appeal of Paju city. For example, Gumi situated midway along the South Korean peninsula, continues to distinguish itself as a diversified model. It's high-tech base creates an aura of desirability through public contact and interaction. Each year Gumi promotes as an evolving and public-centric environment. Gumi city hosts annual design competitions and symposiums soliciting ideas for improving local public spaces and presents strategies for mitigating environmental degradations of industry.

15. Places Design Oberver, Online

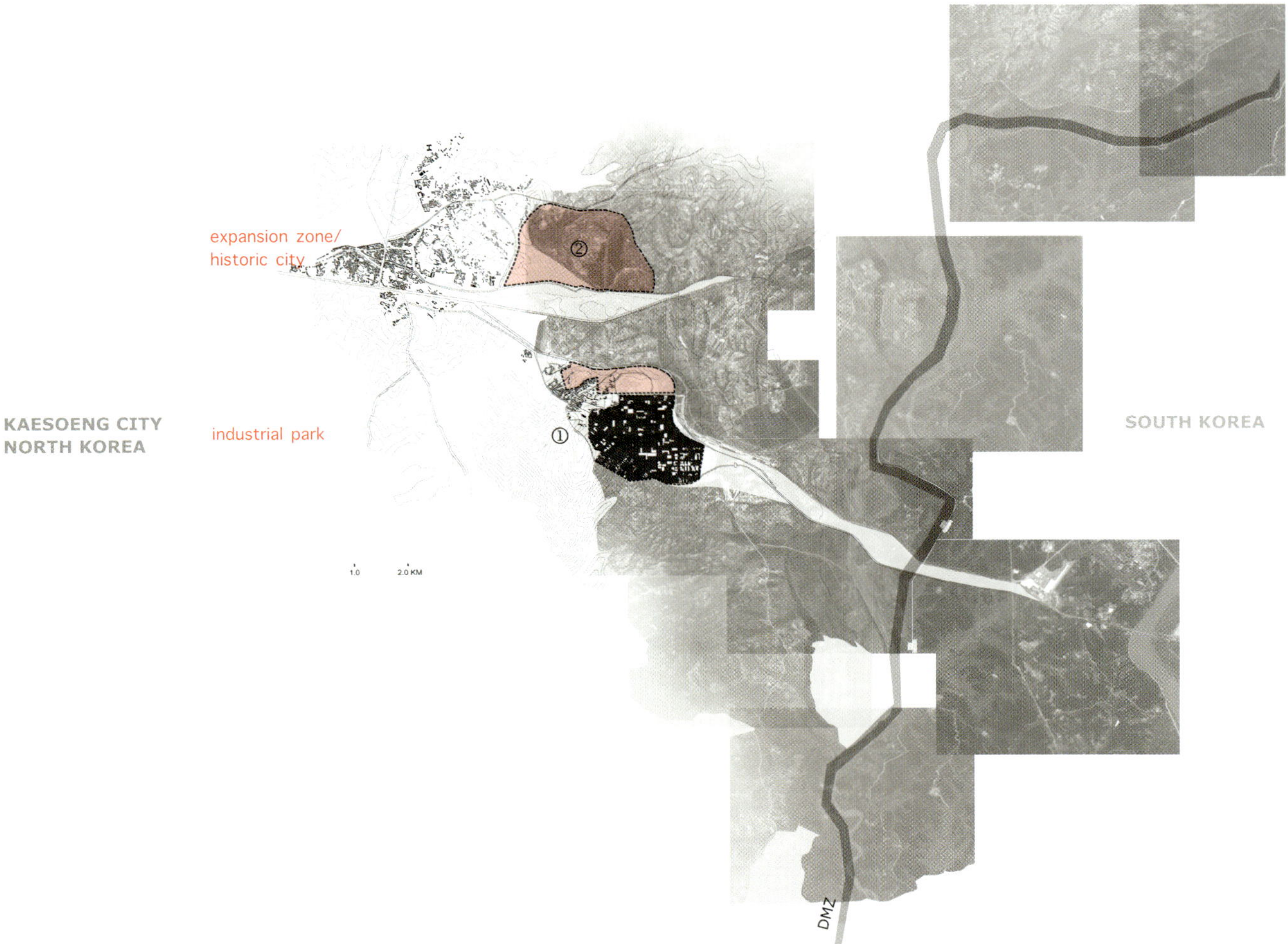

<Fig 20> Kaesong, North Korea is one limited inter-country, cooperative links between the North and South.
북한의 개성은 유일하게 남한과 북한 사이를 협조적으로 연결하는 지역이다.

The next Industrial town represents more than 'working productions' as South and North Korean align political agenda with international dialogue. The opening of Kaesong industrial park in 2004 established a communicative link between two countries joining for the first time since before the Korean War. Kaesong was planned and built approximately 15 kilometers north of the demilitarized zone (DMZ) in North Korea, with South Korea providing the material and labor resources for the planning and construction of the new industrial town. Kaesong represents a united peninsula, highlighting a future of collaborative possibility.

산업화는 '생산을 위한 노동' 에 국한된 사회현상은 아니다. 예컨대, 전세계 수많은 국가들이 외면하는, 서로 다른 정치성향과 산업적인 협력을, 남한과 북한은 개성공단을 통해 이룩하고 있다. 2004년 개관된 개성공단은 두 나라가 사상 최초, 비즈니스 파트너로서의 관계를 체결한 것으로 새로운 소통의 연결고리를 제공했다. 대한민국이 이 새로운 산업마을을 계획하고 건설하는데 있어 모든 자재들과 노동인력을 제공하는 것을 전제로, 개성은 북한의 DMZ구역 15km 북쪽으로 계획되고 건설되었다. 개성은 통일된 한반도를 상징하며, 미래에 있을 협력적 가능성에 대한 예시적인 역할을 한다.

<Fig 21> Kaesong view from the DMZ.
DMZ에서 바라 본 개성 경관, 원경의 한계

Kaesong is an international barometer of political volatility on the Korean peninsula. In recent years its success at the hands of South Korean owners and North Korean workers has established a lucrative economic and dialectic link. However, it's occasional closure has become symbolic of troubled and truncated communications between the two countries. It remains a place relegated to imagination, highly restrictive in access to the average citizen South of the demilitarized border. We can imagine what might be there in 'place' but ultimately what clouds mental image, is not so much its physical form, but rather its ideological representation. Kaesong has been reduced to matters of social-political posturing as journalists and limited photo's have pieced together a nearly mythological village. It is the misconstrued and mysterious face of the next industrial city yet, holds promise in cooperative links between two nations locked in stalemate. Kaesong could be ripe for rethinking a new industrial model with the means to assist, educate and shelter a region. Frozen still, its social and city planning experiment awaits in obscurity.

개성은 이제 한반도의 정치적인 변덕을 나타내는 국제적인 체온계 역할을 하고 있다. 지난 몇 년간 남한의 기업주와 노동자들의 성공은 수익성 좋은 경제와 변증법적인 연결고리를 성취할 수 있게 하였다. 그러나, 잦은 사업중단은 한반도의 불안정함의 상징이 되었다. 그것은 상상의 존재로 격하되었으며, 비무장화된 남반도의 일반적인 사람들에게는 극도로 제한되어져있다. 우리는 이 '장소' 에 다음세기의 산업도시에 대한 형상이 있으리라고 상상하지만, 궁극적으로 우리의 머릿속에 남는 것은 물리적인 실체가 아닌, 기자들에 의해 사회정치적인 가식의 존재로 축소되어 촬영된 사진들 뿐이다. 개성은 '장소' 가 아닌 이데올로기적인 개념으로 우리에게 머물러 있다. 개성은 그러나 교착상태에 머문 두 나라들 사이에 처음으로 제시된 협력적인 연결고리이다. 지원, 교육, 그리고 지역에 대한 피난지의 의미가 내재된 새로운 세대의 산업적 모델이다. 여전히 얼어붙어있는 새로운 도시계획으로서의 첫 시도인 개성은 모호한 위치를 지키며 추가적인 발전 없이 하염없이 양 국가의 하명을 기다리고만 있다.

<Fig 22> With the regional redistribution of industry and evolving economies, aging industrial neighborhoods of central Seoul are emptying.
지역적 산업의 재분배와 발전하는 경제들로 인해 서울 중심부 오래된 산업지역들은 사라져간다.

The widespread regional distribution of industry across the Korean peninsula has altered conditions of industrial neighborhoods in Seoul. The current situation reveals a draining of districts commonly referred to as "hollowing out." Adjoined neighborhoods have fallen victim to closures and relocations. Gentrification has rapidly gained ground in some locations, while others have managed to stave off redevelopment through creative impulse and local resistance. For those that survive, the new industrial neighborhood is a hybrid of work, domesticity and social experimentation.

산업지역이 한반도 전역에 걸쳐 분포된 것은 서울 중심부의 산업공동체를 크게 바꾸었다. 서울에 잔재한 산업공동체들은 이웃 관할지역들의 이익을 위해 재개발이 진행되거나 파괴와 같은 급진적인 변화들을 맞이하고 있다. 현 상황은 서울에서 "공동화"라 불리는 현상으로 이는 점차 공동체와 지역들을 축소시키고 있다. 산업구역에 인접한 공동체는, 공장들이 스스로 그러하는 것 같이, 폐쇄와 장소이전의 피해자로 전락했다. 더 나아가, 몇몇 지역에 고급주택화가 급박하게 진행되기 시작했고, 그렇지 않은 곳들은 창의적인 행동들과 지역주민의 힘으로 이를 피해가고 있다. 살아남은 산업 공동체의 모습에는 산업, 지역성, 그리고 실험정신이 뒤섞여 있다.

IV. PROJECTS words and images

5. 프로젝트들 – 글과 이미지

문래동: 살아있는 산업

1942년, 영등포구는 서울 산업 산출의 80%를 차지하는 산업의 중심이었다.(16) 그러나 뒤따른 급격한 쇠퇴, 도시 정책의 변화와 구역(Zone)을 재지정하는 노력들로 인해 1990년대, 많은 산업 공동체가 투기적인 재개발사업에 노출되었다. 남겨진 많은 지역들은 "새마을" 운동과 같은 도시 순화 과정으로 퇴출의 위기에 놓여 있다. 그렇지 않은 지역들은 산업사업이 문을 닫거나 이전하여 저절로 비워져 가고 있다. 몇몇 곳에서는, 재개발의 계획이 있음에도 불구하고 산업이 그 자리에 변함없이 남는다. 그 장소들은 저항의 사연들을 내포하고 있다. 문래동의 사례가 그러하다. 문래동은 다차원적인 사회와 창의적인 실험으로 전성기를 맞이한 특별한 공동체이다. 산업은 그의 확실한 몰락에도 불구하고 문래동의 "살아있는" 요소로 남아있다. 이 단원의 주제이자 최근 서울에서 이루어진 창조적인 작품전시의 주제이기도 했던 "살아있는 산업"은 도시진화의 역사를 전시한다. 이 "살아있는 산업"들은 산업도시의 문화적, 공간적, 물리적인 변화에 발맞추어 새로운 모습으로 진화하고 있다.

Mullae: *living*INDUSTRIAL

In 1942, Yeongdongpo district was the center of industry, accounting for 80% of Seoul's industrial output.[16] The areas slow decline with shifting urban policies and rezoning efforts since the 1990's has left it open to speculative redevelopment. Some of its neighborhoods today are in the process of eviction as part of urban gentrifying initiatives. Resistant populations remain steadfast even with plans for redevelopment. Such is the case in Mullae, thriving as a social and creative test. Industry has become a 'living' component in Mullae even as its decline becomes evident. As the title of this chapter suggests, "livingINDUSTRIAL"[17], industry presents an evolutionary tale in the city. One, in processional motion with the cultural and spatial changes and it's life sustaining re-formation.

16. SDI/ Seoul Development Institute

17. "livingINDUSTRIAL" Works Exhibition with Texas Tech University and Konkuk University Students

<Fig 23/24> The double life of Mullae industrial village streets from weekday steel productions (image top) to weekend artist performances.
주중엔 철강생산(위쪽삽화)에서 주말엔 철 공예를 하는 문래 산업단지 거리의 이중활동

The exodus of steel industry to Seoul's regional perimeter has left vacant space within Mullae-dong's industrial neighborhood, once a burgeoning center of metal fabrication. This in effect has opened spatial opportunity for artists and other non-profit organizations seeking work space within affordable and spatially flexible locations. Through the 1980's and 1990's artists residing primarily in the Hongik area of northern Seoul had been displaced by rising rents and redevelopment. Consequently, they were forced to relocate to other areas of the city. Since 2000 Mullae-dong has become an alternative location for such artists. In the early 2000's, relocated artists began forming a creative association, loosely defined by similar interests which, has continued to gain cohesive recognition.

The steel artisan and fabrication shops have been at home in Mullae-dong for the past three decades. In the 1990's the shuttering of industrial businesses and managerial operations, due to the 1997 national economic crises, led to ensuing degradation. While many of the steel artisan shops at street side have managed to survive, the upper floors of the basic concrete structures have become home to a growing number of artists. Today more than 60 studios have claimed working space and made Mullae home. Creative resistance has emerged in forging a lasting presence in a susceptible neighborhood. Significantly though is the self-generated urban renaissance that has managed to preserve a productive way of life for the local people.

서울의 내부산업 퇴출은 문래동에 빈 건물들과 도시공간들을 남겼다. 한때는 성장의 중심이었던 철 제조 산업은, 최근 관련산업의 몰락으로 덩달아 퇴출되고 있는 추세이다. 이 현상은 작업공간을 찾는 예술가들과 다른 활동적인 기관들로부터 저렴한 공간을 제공하게 하였다. 1980년대와 1990년대, 예술가들은 집값의 상승과 재개발 계획으로 인하여 다른 곳으로 이주할 수 밖에 없었다. 2000년도 이후로부터, 문래동은 이러한 예술가들을 위한 종합 중심지가 되었다. 21세기 초에 재배치된 예술가들은 비슷한 관심사로 얼기설기 엮인 창조적인 협동 네트워크를 형성하였고, 이는 오늘날까지 단결된 공동체로 인식을 모으고 있다.

지난 3세기동안 철 장인들과 제조사업체들은 문래동에 둥지를 틀었다. 1990년대, 산업의 몰락과 경영에 의거한 행위들이 진행되는 동안, 1997년 전국적인 경제난황으로 인해 수많은 빈 공간들이 생겨났고 뒤이어 산업지대의 저평가가 이루어졌다. 철 장인들의 가게가 길가에서 살아남을 수 있었던 동안, 고층의 무미건조한 콘크리트 구조물들은 수요의 증가 추세에 따라 예술가들의 작업실로 탈바꿈 되었다. 오늘날까지 60개에 육박하는 작업실들이 들어섰고 이들은 문래동을 움직여 나가고 있다. 산업의 잔해가 감수성 깊은 공동체 안에서 살아남는 것은 창의적인 저항이 일어나도록 만들었다. 우리의 관심을 끈 것은 자가 발전된 도시의 르네상스였다. 어떤 의미에선 이는 협력된 공동체의 재건이며 새로운 생산도시의 창조였다.

<Fig 25> Mullae forms of temporary additions and structural add-ons
가건물과 구조적 부가물들로 정의되는 문래

MULLAE:
public steel

Summer months of the rainy monsoon in Mullae industrial artist village are water-logged without the benefit of damp-proofed buildings. The elemental environment penetrates indoor spaces and permeates through the outdoors within the compact 'working' neighborhood. The air is thick with metals rust, even as one sits three floors above metal work operations. The distinctively tinged odor of processed metal lingers on humid days as it invisibly coats the skin and enters the nasal passages. Mullae enters ones senses and remains there; etched by the very nature of its extreme working environment. For the casual visitor it is a place of memory for what has been seen and how one has been influenced, literally by the physical environment.

Mullae streets are lined with generic three to five story concrete structures. Street front shops have been modified with hulking metal hoist frames that augment working space for steel production. They cantilever outward over narrow arterial corridors, covered in stretched plastic awnings providing respite from rain and sun. The massive frames extend from one end of the block, back through shops, to opposing parallel streets. And in doing so opening a contiguous working space. Large lengths of raw steel pass freely under the three story structures above. It is a functional system that has integrally entwined itself into the physical form and fabric of the neighborhood. If forced to leave, such site specific operations could not afford to relocate their suitably adapted structures elsewhere. They are embedded in place as fixtures of necessity.

문래동: 대중적 의미의 철

산업 예술 마을 문래동은 장마철 방수가 되지 않는 지붕으로 인해 흠뻑 젖어있다. 가득찬 산업공간들로 인해 길가는 답답한 철가루들로 가득하다. 철 공정의 독특한 악취는 습도 높은 날이면 살갗을 뒤덮고 과 몸의 창구들을 막는다. 가공된 철의 독특한 냄새는 습기찬 날이면 공기중에 머무르며 무색의 갑갑한 표피로 피부를 덮고 허락받지 않은채 호흡기를 통화한다. 문래동의 극단적인 작업환경은 사람의 감각 속에 머물러 깊게 새겨질 수 밖에 없다. 문래동은 그들이 간직한 물리적인 환경으로 하여금 문자 그대로 무엇이 존재했고 이로 인해 사람이 어떤 영향을 받았었는지 방문자들이 꼭 기억하게 하는 장소이다.

문래길은3~5층 높이의 따분한 콘크리트 건축물 구조로 형성되어있다. 길가의 가게들은 철을 가공하고 제조하는 사업을 상징하듯이 거대한 철 호이스트와 프레임으로 개조되었다. 이 산업의 연장선들은 동맥의 역할을 하는 좁은 복도 위에 걸쳐져, 비와 태양을 피할 수 있도록 늘린 플라스틱 차양들로 덮여 있다. 거대한 철 프레임들은 한쪽 블록에서부터 솟아나와 있다. 이들은 가게 건너편의 블록을 지나 연이어 보이는 길까지 뻗어 연속된 열린 작업공간을 제공하고 있다. 재료로 쓰이기 위한 가공되지 않은 철들은 3층 높이의 구조물 아래를 어려움 없이 지나다닌다. 이처럼 기능적으로 탁월한 문래동의 시스템은 공동체의 세포 속에 온전히 녹아 들어 있다. 이 공동체가 어느 날 갑자기 사라져버려야 한다면, 이처럼 최적화된 설치물들은 그 어디에도 발붙일 곳이 없을 것이다. 그들은 필요에 의한 설치물로서 이 장소에 하나가 되어 파묻혀 있다.

<Fig 26/27> Steel shops at street level and public roof-top spaces reside stacked in the village.
On display are two working communities; steel fabrication shops and artist studios.
거리의 철강 상점들과 옥상의 공공 공간은 단지 예술촌내에 줄 지어져 있다.
철강 제작과 예술인들의 스튜디오 두개의 생산 공동체들이 보인다.

Above the steel shops, spatial functions commencing at second floors are more unpredictably ambiguous. Leasable spaces are filled with small commercial businesses, NGO's, and a surging number of creative artist studios. Each have given the neighborhood further hope for self-reliant regeneration. Emerging is a kind of urban renewal, curiously free of city government intervention and other assistance or interference. Moreover though, is a kind of creative take-over and reclamation of public spaces as well as private commercial space. Mullae, at the hands of it's residents, is being renovated as personal investments in working arrangements are made visible. Meeting, work, collaboration have each required alternative considerations, and in satisfying necessities, the unused spaces of Mullae village have been modified to suit preferences.

Interpretations and appropriations of public space are guiding Mullae's renaissance. Although the boundary between workers and artists in Mullae is well established, a grey zone takes shape as the creative neighborhood navigates shared territories of work and shared common space. Streets are a mixing ground during working, weekday hours, remaining difficult to navigate amongst the working times of steel-shop fabrications. For pedestrians and visitors, public space is a carefully ventured experience of narrow routes with limited considerations for public access. Resident artists perched above village streets reside isolated in working studios and nearly invisible to passers-by. This distinct separation maintains a suitable distance from the hectic productions of steel work.

철 가게들 위, 2층부터 시작되는 공간의 기능들은 예측할 수 없을 정도로 다양해졌다. 임대 가능한 공간들은 작은 상점들, NGO단체들, 그리고 밀려드는 창조적인 예술가들의 스튜디오로 채워졌다. 각 유형들은 공동체의 재건을 향해 독립적인 희망을 더하고 있다. 이곳에서는 정부나 외부의 도움과 간섭없이 호기심 가득한 새로운 도시로 개발이 이루어 지고 있다. 더 나아가 이는 공공장소와 상업적으로 독립된 공간에 대한 창의적인 방법의 경영인수이며 공공 공간과 상업적인 개인공간들을 매립시키는 현장이기도 하다. 지역 주민의 손에 담긴 문래동은, 개인들의 작업환경에 대한 투자들이 시각적으로 드러남에 따라 변화가 두드러지고 있다. 회의, 일, 협업은 각각의 고려사항들이 있다. 이러한 각자 다른 요구조건을 만족시키기 위해 방치되었던 문래동의 공간들이 변화되었다.

공용 공간의 해석과 도용은 문래동의 르네상스에 주도적인 역할을 하였다. 문래동에 거주하는 노동자들과 예술가들은 명확하게 분리되어있지만, 창조적인 공동체가 일, 일상생활과 여가활동의 범위를 넓혀나가면서 회색지대가 생겨나기 시작했다. 주중, 업무 시간 동안에 길가는 섞이는 공간으로써 활용된다. 그러나 노동자들은 여전히 주중 업무시간 동안에 철가게의 설치물들 사이를 지나는 것을 불편해한다. 일반적인 보행자와 방문자에게 이 길을 걷는 것은 접근을 고려하지 않은 공공도로로부터의 불편한 갈래길이다. 그들에게 이 공간을 걷는 것은 조심스러운 탐험과 다를 바가 없다. 길가 위 허공에 위치한 이 예술적인 거주자들은, 스튜디오 안에서 일하느라 격리되어 있는 듯, 길을 지나는 사람에게는 전혀 보이지 않는다. 그러나 이 명확한 분리는 대중과 철공정 특성상 격한 생산과정간 합리적인 거리를 유지하게 하는 듯 하다.

<Fig 28> Mullae: Roof top communities in summer. The creative take-over of flattop roof's provide flexible areas for casual meetings.
문래: 여름 옥상공동체. 창조적으로 인계된 이 평탄한 지붕은 일상만남을 위한 편안한 장소를 제공한다.

Public common spaces are atypically adapted throughout Mullae. Noticeboards at interval stairwell landings are improvisational voices for event and exhibition, while providing a place for informal meetings between passing residents. Door ways to artist studios off of stairwells are propped ajar on warm summer days, inviting visitors into workshop studios and dusty cafes. Where public space ends and private space begins is sometimes not so evident.

In-between buildings, literally wide enough for only single person passage, are designated exhibition space and surfaces for creative expression. Neighborhood roof tops are the high end of the public equation, having been cleared of debris and reclaimed by the local artists. Roof tops are safe retreats and communal eyes within the neighborhood. Many now having become studio claimed surfaces for summertime gardens, community meeting, and leisure congregation.

공공장소들은 문래동 내에서 특이한 적응과정을 거쳤다. 노후한 구조물의 계단에는 이벤트와 전시회에 대한 대중의 목소리가 담긴 공지들이 붙어있다. 이들은 이곳을 지나는 거주자를 위한 비공식적인 모임들이 어디에서 이루어지는지, 그곳에서 발표하는 것들이 무엇인지에 대해 공지한다. 계단에서 멀리 떨어지지 않은 스튜디오로 통하는 문들은 따뜻한 여름철에는 열려있어, 방문자들로 하여금 작업공간과 먼지 낀 카페의 내부로 유인되게끔 한다. 공공장소의 영역과 '개인적인' 공간의 경계는 종종 흐릿해진다.

건물과 건물 사이의 공간인 한 사람 만이 겨우 통과할 수 있을법한 좁은 통로는 신기하게도 창조적인 표현을 위한 전시공간이자 공공장소가 되었다. 쓰레기를 제거한 이웃주민들의 지붕은 지역 예술가들이 애용하는 가장 높은 곳에 위치한 공공장소이다. 이제 이곳은 안전한 모임을 여는 장소이자 이웃공동체를 향한 공동의 눈이 되었다. 많은 지붕들은 여름철 정원으로, 공동체 모임으로, 여가 모임을 위한 스튜디오의 연장으로 사용되고 있다.

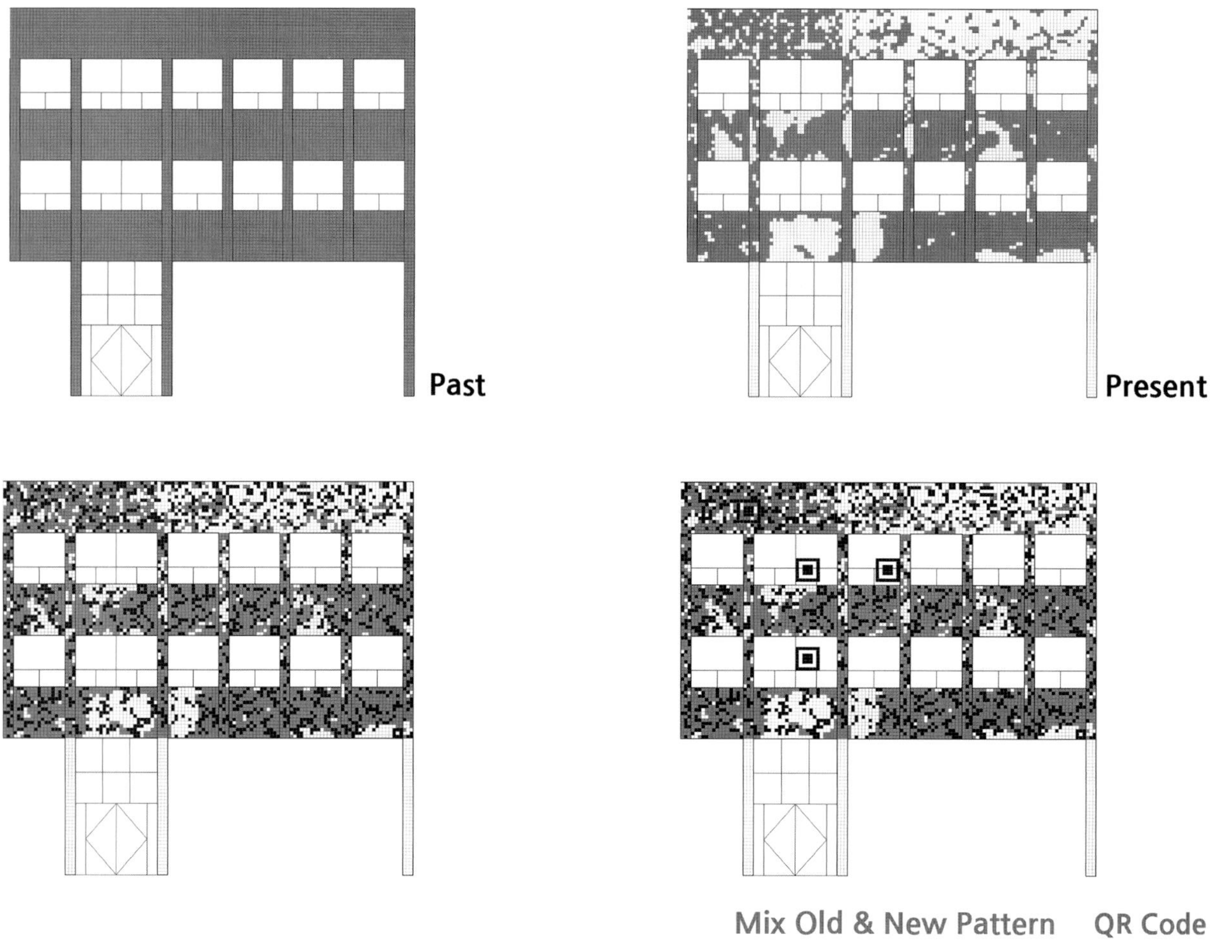

<Fig 29> Decaying facades as default patterns for digital information retrieval, student project.
노후된 건물의 입면을 디지털 정보를 검색하기 위한 기본 패턴으로 활용, 학생작품

MULLAE:
COLLABORATIONS

During a recent spring and summer, **adapt***LAB* embarked on a collaborative project with a local artist group in Mullae. The intention being to study the social and physical phenomenon taking shape in the village and in response, offer alternative design proposals to what have become open, public experimentations. Our collaboration with Project spaceLAB39 commenced in early spring as a dialogue of research; plying ideas on the definition of 'public' in the Mullae community.

By early summer the studio had worked through numerous design scenarios. **adapt***LAB* presented the ideas to local community members for selecting an option to construct during a follow-up summer studio. Our partnership with Project spaceLAB39 Mullae studio became a shared investigation throughout the spring and collaborative evolution bringing together design students, film makers, musicians, painters and other social researchers. In staging a neighborhood event, the works were put to community vote, eventually to determine that a combined ideas strategy would best suit a constructible public project for a summer design-build studio.

문래동: 공동작업

최근 봄, 여름 동안에 **adapt***LAB*은 문래동의 지역 예술가 모임과 협업 프로젝트를 시작하였다. 사회적, 물리적 현상이 마을내에서 자리잡은 모습을 관찰하고, 그에 대한 적용으로써 창의적이며 개방되어있는 공공 실험들을 대용의 디자인 프로포즈로 제안하려 하였다. Project Space LAB39과의 협업은 이른 봄, 연구투자에 대한 창조적인 토론들로부터 꽃피기 시작했다. 그에 대한 일부로서, 우리는 문래동 안에서의 '공동' 의 개념을 찾아내기 시작했다.

이른 여름, 우리는 다양한 디자인 시나리오를 검토하고 있는 중이었다. 우리는 지역 공동체의 일원들에게 오는 여름 학기 동안 건설될 디자인을 선택해달라고 할 작정이었다. Project space LAB39와 문래동스튜디오의 소통은 건축을 배우는 학생들, 영화제작자들, 음악가들, 화가들 그리고 수많은 사회연구가들을 한 자리에 모두 모이게 한 협업 경험이었다. 이웃공동체를 연관시킨 행사였던 관계로, 작업내용들은 모두 공동체에게 공개되어 투표를 거쳐가게 하였다. 그러함으로 인해 융합된 새로운 제안들은 여름 디자인-빌드 스튜디오로서의 일환으로 실제 지어질 수 있는 공공 프로젝트에 최적화될 수 있을 것이었다.

Project Space LAB39는 2000년대 초반부터 문래동에서 일어난 사회연구가와 예술가들, 운동가들과 여러 다른 분야의 사람들의 창조적인 투자이다. LAB39는 문래동의 공공성의 회복과 마을의 화합을 위해 많은 활동들과 더불어 마을 계획을 주도해왔다. 이 모임은 어떤 의미로는 회피와 방치의 대상들을 폭로하며 문래동마을의 소외된 장소들을 공공의 기회와 공간들로 재배치하는 도시의 고고학자 역할을 하였다. 프로젝트 spaceLAB39는 이러한 모임에서 공공 공간으로서 활용될 지붕을 청소하는데 감독하는 역할을 하였다.

문래동의 환경과 기존에 존재하는 프로젝트들과 연관하여, 우리는 다양한 용도와 유연한 전략을 가진 구조물을 상상했다. 우리는 다양한 모습을 한 기존의 시설에 적용 할 수 있는, 이동가능한 철 구조물을 구상하였다. 다양한 집단의 이용자들과 모든 상황을 아우를 수 있는 이용 가치에 의거하여, 열린 해석과 참여에 디자인 바탕을 두었다. 길가의 공간은 때때로 (보통 철 가게들이 문을 닫는 주말과 오후 시간대에) 공연활동이나 전시회에 이상적인 모습을 보여왔다. 여름동안의 기간에는 특이하게도 지역주민및 관광객들이 초저녁즈음, 실내 작업공간의 열기에서 벗어나기 위해 개방되어있는 지붕위에서 캐주얼한 친목도모를 비롯한 다양한 활동들이 열리는 것이었다. 물레의 공공 공간들은 길가의 필연적인 한계들로 인해 공간들의 유연한 전환들을 염두에 두어야 했다.

디자인의 계획, 문서화, 그리고 설치는 4주도 채 걸리지 않았다. 조사의 일부로써 최근 문래동의 비슷한 공공 프로젝트들을 살펴보았을 때, 그들은 모두 도저히 유지할 수 없을 만큼 버려지고 부식되었던 공간들을 밝히고 다듬어 문래동의 새로운 시대를 여는 듯 했다.

Project spaceLAB39 has been active in Mullae village, since the early 2000's. A network of social researchers, artists, and activists, having come together to establish LAB39 for open dialogue. LAB39 has lead activities and initiatives in the rehabilitation of Mullae's public commons and cohesive social regeneration.[18] The group operates as urban archeologists, uncovering the unwanted and discarded, while repositioning public opportunity (and space) within the marginalized places of Mullae village. Project spaceLAB39 has been instrumental in overseeing efforts to clean up rooftops for use as common public space.

Reflecting upon existing projects in Mullae's public environment, our design studio proposed a multi-use, flexible structure. We imagined it as a mobile, 'clip-on' unit, fabricated of readily adaptable steel pipes which could be installed at various locations throughout the village. Depending upon the needs at any given moment for a diversity groups, our framework was designed for open interpretation and evolving use. Street space in Mullae is desirable for performance and exhibitions, especially during weekends and evenings when the steel shops close. Summer months in particular promote various activities on open roof tops in evening hours when residents and visitors gather to escape the heat of the indoor working studios for informal social events. Mullae public space relies on provisions for flexible change within the inherent restrictions of street-side conditions.

The design, documentation and construction took less than four weeks. Our work, while temporary in a sense, was most of all a measure of reflection (and identity) within the community, having taken root in open interpretation and a willful acceptance of being functionally positioned at moment intervals.

---

18. Roof Museum Project_ CIty is Ours, 2007

<Fig 30> Filling gaps in Mullae with public opportunity, student project.
문래의 틈을 공공성의 기회로 채움, 학생작품

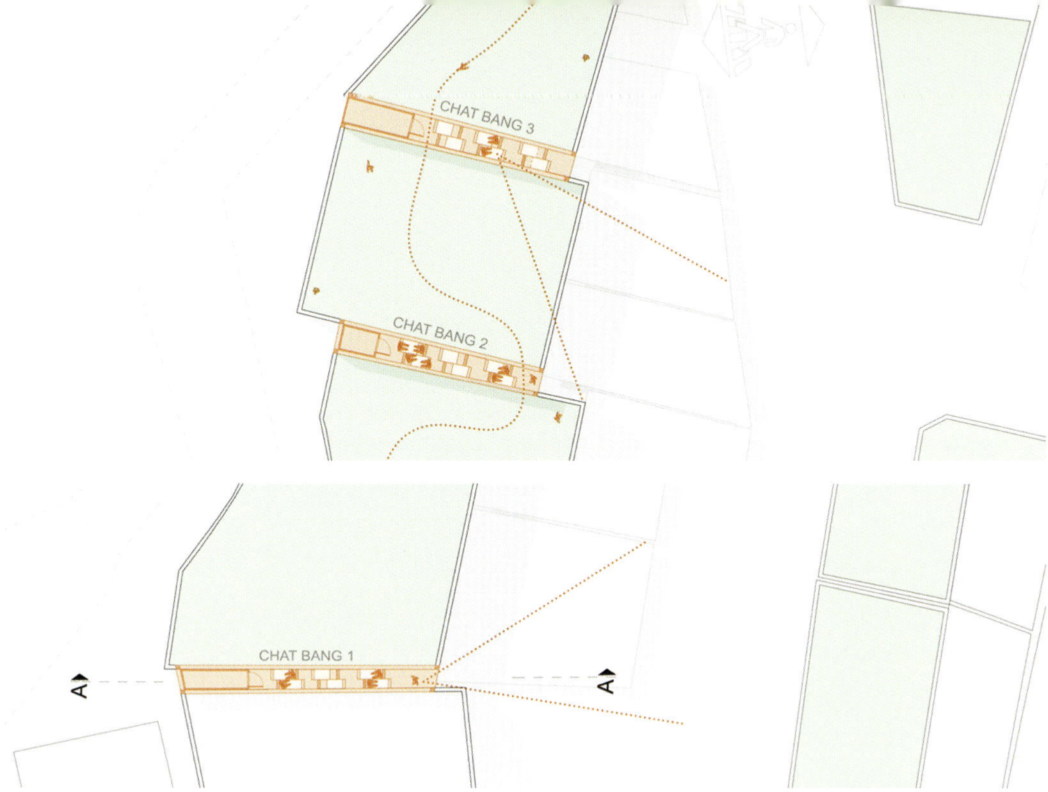

FLOORPLAN 3F

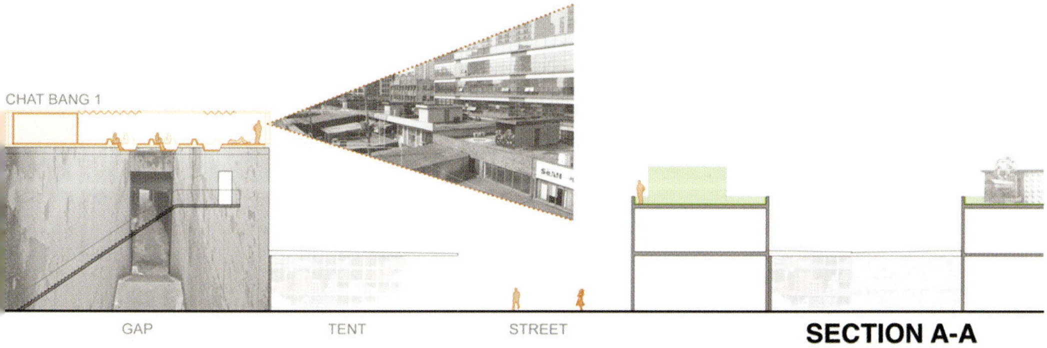

SECTION A-A

VISUALISATION CHAT BANG

<Fig 31> Clip-on mobile structure at roof tops.
옥상의 이동식 클립식 구조물

<Fig 32> Street side mobile additions.
거리의 이동식 부가물

모형절단
대한철강
한봉.톱절단
S45C SM490AB
T.2632-8625
永元鐵鋼株式會社

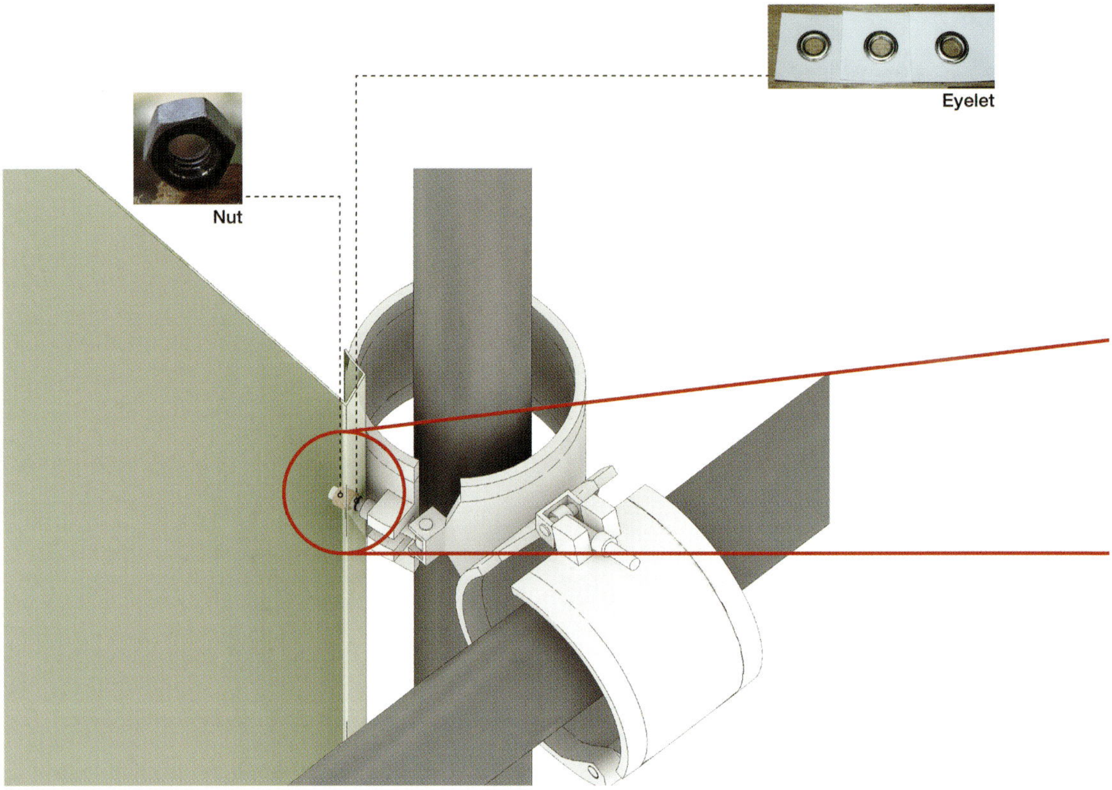

<Fig 33/34/35> Mobile structures fabricated with local means and material expressions in mind.
지역적 매개체와 재료 표현의 확장으로서 제작 된 이동식 구조체

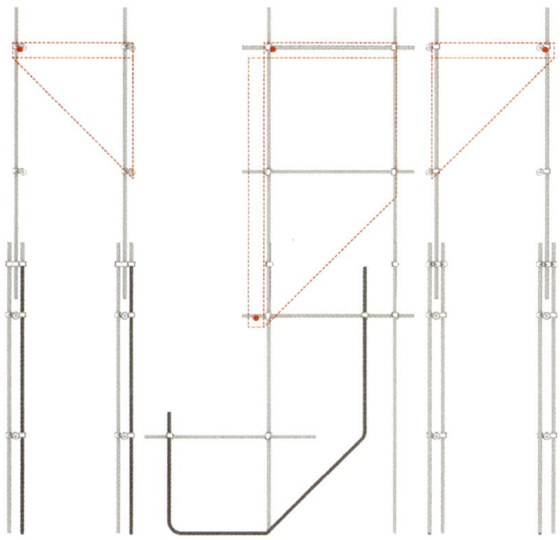

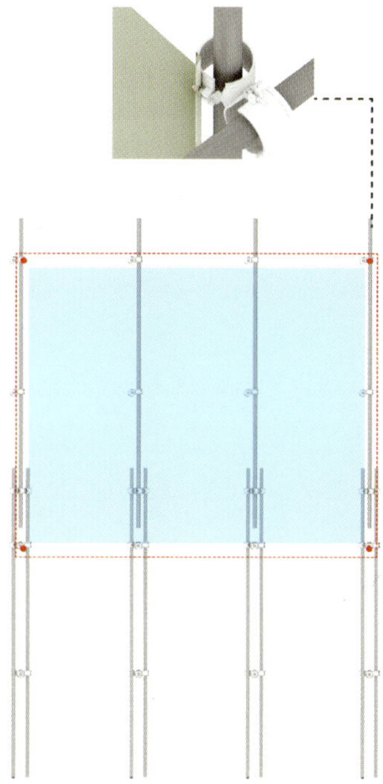

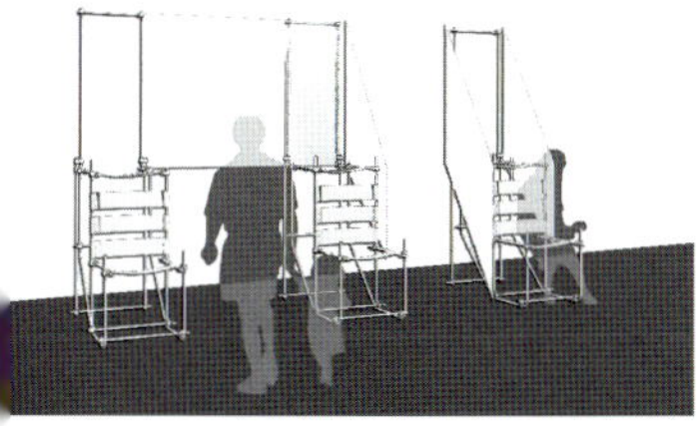

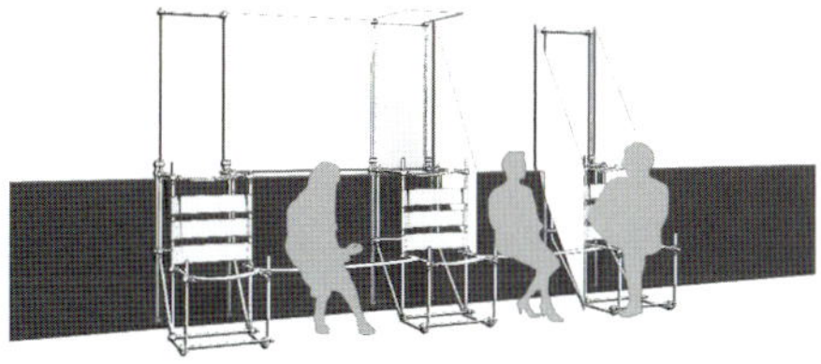

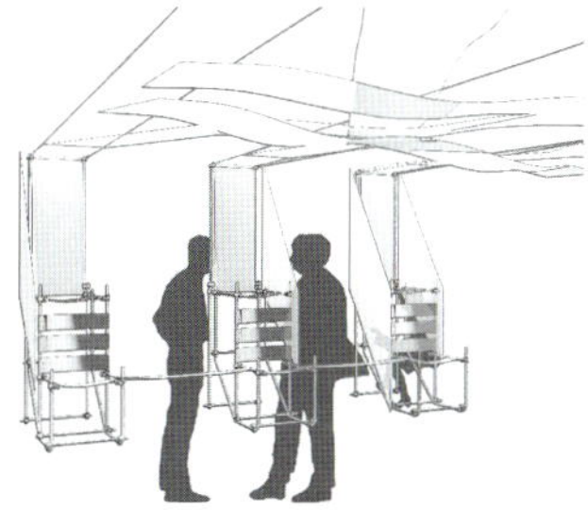

<Fig 36> On site fabrications.
현장 제작물들

<Fig 37> Mobile installation at roof deck with seating and canopy.
옥상데크의 좌석과 캐노피, 이동식 설치물

<Fig 38> Canopy details.
캐노피 세부사항

전환의 주택
서울의 임시주거를 위한 프로젝트

서울의 인구폭발은 국내와 국제 인구의 이민이 부른 결과이다. 도시는 경제적인 기회를 찾는 사람들로 인해 기하급수적인 수치로 성장해 1970년대에 절정을 기록했다. 1980년, 인구는 기어이 1000만명을 기록했다. 수출시장이 커지고 서울의 성장하는 경공업이 국가 내의 모든 사람들을 매혹했다. 이제는 아시아의 다른 나라 사람들이 대한민국에 기회를 찾아 이민하기 시작하면서 이 트렌드가 국제적으로 부풀려지기 시작했다. 그들은 경제적인 이득과 더불어 정치적인 자유를 쫓아 온 사람들이다.

오늘날, 정치, 이데올로기, 경제적인 독립을 원하는 이주민의 증가가 지난 10년간 계속되면서, 서울은 저가 주택의 부족을 경험하고 있다. 이 격리된 인구는 1990년대 후반 이후로부터 20배가량 증가하였다. 이 피난민들이 밀물처럼 도시로 쓸려오는 동안에, 도시정부는 이에 적합한 사회시스템과 거주지를 마련하기 위해 쉴 새 없이 바빴다.

TRANSIT HOUSE:
A Project for Refugee Housing in Seoul

Seoul's explosion in population is the result of migrating populations both of national and international origin. The cities growth reached its peak in the 1970's and grew exponentially with people seeking economic opportunities.[19] By 1980 the population reached 10 million inhabitants. A growing export market and a surplus of jobs attracting people from around the country. This now extends internationally as people from other Asian nations seek opportunity in South Korea, both for economic advance and political freedoms.

Seoul faces affordable housing shortages, as an emerging population of defectors seeking political, ideological and economic independence from North Korea has steadily increased annually over the past decade. This isolated population has grown 20 fold since the late 1990's. As refugees from the North continue to flood the city, the government is being forcefully challenged to provide adequate social systems and housing for the new arrivals.

19. SDI/ Seoul Development Institute

<Fig 40> Refugee routes through East and South Asia to Seoul.
동남아시아를 통한 서울로의 피난로

The issues and conditions surrounding housing options for refugees have been nearly invisible. Tucked away anonymously in Seoul are thousands of new residents who have made perilous journeys to the South. Forced by a burgeoning population, the South Korean government is now faced with mounting problems of where to house these asylum seeking peoples. Their relocation and eventual housing placement remains undisclosed for fears of discrimination or retaliation. Importantly though, is the increasingly dire situation underestimating basic housing needs for resource challenged citizens.

Over the past 100 years, refugees with severely limited resource have sought out idle urban areas for make shift housing. Shanties ('Vinyl' housing also known as 'moon' villages) and other impromptu residential areas became scarce in the 1990's as Seoul's local districts pushed to remove and redevelop undocumented and illegal neighborhoods. These once common, yet illegal settlements now, are no longer an option today for people seeking affordable residence. Consequently, logistic and domestic provisional questions remain, regarding the continued influx of the economically challenged in numbers which, are increasing annually.

탈북자의 거주지 마련을 둘러싼 이슈들과 환경들은 접하기가 매우 어렵다. 그러나 수 천명에 이르는 그들은 소리 없이 대한민국 전역에 퍼져있다. 대한민국 정부는 이제 망명을 원하는 이 새로운 거주민을 어디에 수용해야 할지 급증하는 인구증가에 고민을 거듭한다. 탈북자들에게 새로 거주지를 정하는 것과 그곳에 정착하는 것은 그들에게 있어 정체 모를 두려움, 차별, 혹은 앙갚음이다. 그러나 현재 경제적으로 어려움을 겪고 있는 그들의 기초적인 주거를 위한 정부예산은 너무도 적게 잡혀있어 매우 위험한 상황이다.

지난 100년간 극도로 적은 물질적인 재산만을 소유했던 피난민들은 소외되어있는 듯한 도시공간들을 이용하여 대체건축물들을 지어올려왔다. 이들은 비닐하우스라고도 불리며 달동네라고도 불리는 판잣집들인데, 이것들은 기록되지 않은 불법적인 공동체들로 재개발을 시행하자 대부분 모습을 감추기 시작했다. 이 불법적인 임시거주지들은 더 이상 저가 주택을 찾는 사람들을 향한 선택지는 아니다. 특히 북한에서부터 온 경제적으로 헐벗은 인구들에게는 여전히 이 거대한 이동과 국내의 임시적인 고민들이 남는다.

전환의 주택-맥락성

성수동, 그리고 성수와 뚝섬 사이를 연결하는 지상철도의 통로는 이 산업공동체를 수 세기 동안 분리시키고 연결하는 역할을 해왔다. 서울 내부의 편리한 연결을 실현시키는 지상철도는 내부로나 외부로나 생명 줄과도 같다. 이곳의 이웃공동체는 도착과 출발이 상주해 있는, 변화가 끊이질 않는, 산업 노동자들의 썰물과 밀물이 연속하는 매일의 낮과 밤에 굴복한다. 길가 위 3층 높이의 성수역은 아래 일하는 공동체를 내려다볼 수 있게 해준다. 혹자는 아래 도시와의 온전한 연결이자 온전한 분리가 있는 이 장소의 부인할 수 없는 모순에 대해 궁금해할 수 밖에 없다. 이곳은 연속되는 이주민들을 위한 장소이다. 그리고 부유한 생산과 결핍의 경계선이다. 은유 혹은 정 반대의 움직임의 장소이다.

성수는 오늘날 노후 되어가는 작은 공장 건물들로 이루어져 있다. 이들중 많은 공장들은 서울 메트로의 골목골목에 보수도, 사용도 되지 않은 채 방치되어있다. 2015년에는 성수동이 현재 있는 공장들과 경공업시설들이 제거되고 난 뒤, 새로운 구역으로 지정되어 대부분이 주거지역으로, 그리고 나머지는 복합 용도로 고밀도의 구성을 이룰 것으로 보고 있다. 현재, 성수동은 다양한 경공업, 상업과 주거 공동체의 혼합으로 이루어져있는데, 그들은 지상철도 통로로부터 남과 북으로 확장되어있다. 서울의 구획변경 계획들은 넘쳐나는 인구들을 위한 주택 공급의 다양한 가능성들을 고려하고 있으나, 실제 그 인구들의 조합에 대해서는 크게 생각하지 않고 있다.

TRANSIT HOUSE Contextualization

evated subway corridor, between Seongsu and TTeuksam stations, for decades has divided (and connected) this working industrial neighborhood. With ease of connection to anywhere in Seoul, the elevated subway is a life line into and out of the neighborhood. The distinct presence of arrival and departure defines the area, as if perpetually in transit, succumbing to the very day-to-night cycles of the industrial worker population ebb and flow. Perched three stories above the street, Seongsu station offers glimpses of interrupted vista between high rise towers, down to the working neighborhood streets. The view conjures wonder of an undeniable conflict in place; it's absolute connection with and simultaneously the separation from the city. It is a place of constant migrations, as well as drawn-out stasis, in wealthy production and borderline destitution. Seongsu is a place of metaphorical and polar opposites.

Seongsu today is comprised of aging small industrial factory buildings. Many of these line the Seoul Metro corridor with some standing in disrepair or vacant altogether. By the end of 2015, it is predicted that Seongsu will be rezoned primarily as residential and mixed use, a high density area, as the displacement of existing factories and light industry is realized. Currently, Seongsu is populated with various light industries and a mixture of commercial and residential areas extending north and south from the elevated subway corridor. Seoul's rezoning initiatives have given rise in opportunity to rethink housing options for many demographics although this mix is not often realized.

<Fig 41> Elevated Metro tracks divide the light industrial neighborhood.
고가 지하철로는 경공업지역을 나누었다.

Public transit accessibility is essential for many urban dwellers throughout Seoul, as provisional link to jobs and other mobile necessities. In this respect, Seongsu neighborhood is no different from other places throughout the city. However, the transit infrastructure poses a formal challenge within the neighborhood. It's oppressive form raises questions regarding spatial relationships. We might think of the concrete superstructure as a foundation on which architectural ideas (and form) can be physically and conceptually connected to; a functional extension of the neighborhood and a serviceable connection to the surrounding city. As divisive as the structure stands, its symbolism reaches beyond the boundaries of a changing neighborhood and shifting demographics.

이 대중교통은 직업활동과 기타 다른 원격의 필요를 위한 임시의 연결고리로서 서울에 거주하는 수많은 도시민들에게 없어서는 안될 만큼 밀접한 접근성을 가지고 있는 존재이다. 이러한 관점에서는, 성수동의 공동체는 서울의 다른 곳들과 다르지 않다. 그러나 그러한 대중교통의 기회들은 이웃공동체에게 직접적으로 과제를 던져주게 된다. 대중교통들의 억압적인 모양새들은 다시 말해, 이를 둘러싼 도시의 공간적인 관계에 대한 의문을 던진다. 우리들은 콘크리트 상부구조들과 건축적인 아이디어와 형태들이 물리적으로, 혹은 개념적으로 연결되는 도시의 기초가 될 수 있을 것이라고 생각한다; 이웃공동체의 기능적인 확대나 주변도시로의 편리한 연결고리등으로 말이다. 그러나 구조물들이 지금과 같이 공간들을 분리시키는 한, 그 상징성은 역동적인 이웃공동체와 인구수의 변이 등을 다루는 것에 제한되면 안된다.

adapt*LAB*는 서울과 그 주변에서 거주하는 탈북자들과의 인터뷰를 진행했다. 이는 정치적인 망명인의 신분아래 한국에 적응하게 된 경로와 현재의 생활방식 등, 대한민국에 갓 도착한 그들의 개인적인 여정을 더욱더 자세히 알기 위함이었다. 아래 인터뷰는 김혜련 학생이 인터뷰한 내용이다.

김모씨 (사생활 보호를 위해 가명 사용)
김모씨는 서울에서 멀지 않은 사찰의 주방장이다. 그녀와 그녀의 딸이 살 수 있는 작지만 반듯한 단칸방을 제공해주기에 이 직업은 더할 나위 없이 좋은 조건이다. 사찰에서 멀지 않은 곳에는 학교 기숙사에 사는 아들이 있다. adaptLAB은 김모씨가 경험한 북한에서의 삶과 남한으로의 여정, 그리고 오늘날 그녀의 삶이 얼마나 변화했는지에 대해 더 알고자 자리를 주선했다.

이름 : 김OO (女)
나이 : 47세 (64년생)
현재 천태종 명락사에서 스님 식사를 담당하고 있으며, 주방에 딸린 방에 딸과 함께 거주. 아들은 학교 기숙사에 거주하고 있다.

Q: 북한에서의 생활
함경남도 락원에서 태어나 주로 강원도에서 생활했다. 아버지는 철도공무원으로 철도 관련 물자/자재를 다루었다. 부모님이 상류층은 아니었지만 힘들게 일하시진 않았다.
본인은 중학교 교육까지 받았으며, 8년간 군생활한 후 결혼해서 가정주부로 지냈다. 남편이 군 장교였는데, 10년전에 군복무 중 사망했다.

Q: 탈북하게 된 이유와 경로, 시기, 비용
시댁이 양강도 혜산이었다. 압록강 장백을 거쳐 압록강으로 탈북했다. 탈북 당시 다른 세 명의 아주머니들과 함께 넘어왔는데, 아이를 데려오면 군인들이 북한으로 다시 돌아오지 않을 것이라 여겨 망을 봐주지 않기 때문에 딸을 염소라고 속이고 마대자루에 넣어서 메고 강을 건넜다. 중국으로 넘어가 인신매매한테 걸려, 중국 허백성으로 팔려갔다. 중국에 도착하는 시점에서 탈북민들은 항상 어려운 상황에 놓여있게 된다. 브로커들을 통해 중국이외의 국가들로 운송되는 것은 그 자체로 아주 위험한 상황이다.
처음 탈북을 결심한 것은 생활이 어려워져 중국에서 3년정도 돈을 벌어 다시 북한으로 갈 생각이었다. 2004년 딸과 함께 탈북하였는데, 아이들과 안정적인 생활을 하고 싶어 다시 북한으로 돌아가지 않기로 결심하고 중국에서 2년 정도 생활하다가 아들도 중국으로 데려왔다.

adapt*LAB* conducted interviews of several North Korean refugees now living in and around Seoul. Gaining insight to the personal journeys and shedding light on arrivals in the South, refugees have been granted a fresh start. The excerpt interview that follows was directed by graduate student, Kim Hyerun.

Name: Ms. Kim SG (full name withheld for privacy)
Ms. Kim manages a kitchen at a buddhist temple not far from Seoul. It is a satisfying trade for her, as the job offers a modest (but small) studio for her and her daughter to live in. She has a son who lives apart from them in a school dormitory a few kilometers away. adaptLAB sat down with Ms. Kim to learn more about her life in the North, her journey to South Korea, and how her life has changed today.

Q: How was your life in North Korea?
A: I was born in South Hamgyong-Rakwon. My father was a railroad official and our family was of working class status.
I received education only until the middle school level. I married young and into military life as a housewife. My husband was a military officer but died in military service after 10 years. Life became much more difficult at that time as I was forced to find work.

Q: Why did you defect and what were the conditions of your escape route, timing, cost, etc.?
A: In Ryanggang, North Korea, the law restrictions were enough to convince me to leave. My defection was through Changbai and the Yalu Yalu River. I defected with three other people. We fled with my Aunt, who was appearing to do work with satchels and goats. We crossed the river carrying these items along with my daughter. It was a very difficult and scary time with fear of being caught. Upon arrival in China our challenges mounted. People trafficking shuttles you beyond China which, is a perilous risk in itself. The first one (in a group) that decides to defect has the more difficult life of typically three years in China, earning enough money to get the others across, or if defecting alone, continuing the journey to the next place on route to South Korea. All the while, the difficulties of work in China had me thinking about returning to life in the North. I defected in 2004 with my daughter, guided by the vision for a more stable life. From this, I decided not to go back to North Korea and persevered in China for two more years. At that point I was able to earn enough to have my son join us.

Q: 하나원 생활할 때 경비가 삼엄하다고 하는데...(하나원에 대한 설명이 필요할 듯)
경비가 삼엄하다기 보다, 안전을 위해서, 외부의 침입을 막기 위해서 그런 것이다. 보는 사람의 입장에 따라서 다른 것 같다.

Q: 남한에서의 생활에 만족하는가? 적응하는 데 어려운 점은?
남한에 온 것을 후회해 본 적은 없다.
전주에 임대아파트를 배정받았다.

Q: 새터민이라는 사실을 알았을 때, 남한 사람들의 반응은?
본인이 탈북자라는 사실을 속일 생각은 없다. 그 사실을 숨긴 적이 없으며, 상대방이 탈북자라고 해서 무시한다거나 하는 느낌을 받아 본 적도 없다. 내가 맡은 일을 열심히 하고 당당하니까, 탈북자라고 해서 무시하거나 하지 않는 것 같다.

Q: 남한 정부의 탈북민 지원 정책에 대한 견해
정착지원금이 2천만원 지원됐는데, 처음에 하나원에서 나올 때 주택임대자금으로 1천만원을 주고, 나머지는 3백만원, 1백만원씩 분기별로 준다. 직업이 없을 때는 매달 생계비도 나온다. 의료비도 무상이고, 자녀들 교육도 무상이고, 취직하기 전까지 생계비도 준다. 내가 열심히 살면 사는 데 아무 문제가 되지 않는다.
지금은 북한도 일하지 않으면 먹여주지 않는다. 국가가 없으니까. 그런데 남한 정부에서는 새터민이라고 여러 가지 지원을 해준다. 본인 생각에는 집만 줘도 살 수 있을 것 같다.
또한, 직장에서 4대 보험을 가입하고 한 곳에서 3년 이상 일하면 장려금이 1800만원 나온다. 회사에도 3년동안 50만원씩 지원해주는데, 이 돈을 탈북자에게 돌려주는 곳도 있다.

Q: How was life at Hanowon?
(Hanowan is a re-education 'school' for newly arrived North Koreans who come to the South. Everyone is required to intern there as an introduction to South Korean life for a brief period of approximately six months. Hanowon provides an orientational perspective for what can be expected of life in the South.)
A: Men and women are separated and a given a place to live, and women at Hanowon remain mostly unaware of the male residents. If you come with a family, provisions for this can be made. I was to receive training for six months, although as it turned out I was there for a bit more than two months. Looking back the training and advice I got at Hanowon seemed quite beneficial in preparing me for what to expect, especially in light of how things have turned out now. Life at Hanowan is guarded for safety's sake in order to prevent outside intrusions. This might be different depending on the viewer's position.

Q: Are you satisfied with life in South Korea? Did you have difficulty in adapting?
A: I have had no regrets in coming to the South. After my time at Hanowon I was assigned to an apartment with government assistance in Jeonju. Since that time I have been more self sufficient in the ability to find work and housing placement.

Q: How do South Korean people react when they find out that you are a refugee from the North?
A: My feeling is that most people tend to ignore it. From the perspective of my employer, I work proud and hard and this seems to erase any sense of difference, and I think most people around me would tend to agree. Although there are ideological differences from time to time.

Q: What is South Korean government's support policy?
A: The settlement funding supports 20 million Won. The first payment is distributed as 10 million Won to finance rental housing. The remaining is distributed in other installed payments to cover monthly costs of living, even if you do not have job income. Without royalty expenses, free education for the children, and living assistance- life is still hard. On the other hand, the North Korean government does not provide for its citizens and will not feed people in need. However, the South Korean government provides support for refugees. In my opinion, this has made my resettlement bearable in making a new home here.

Q: 전주에 임대아파트가 있다고 하셨는데, 그곳에서 생활을 하셨는지

처음에 하나원을 나올 때 서울에 있는 주택을 배정받았는데, 본인이 전주 쪽을 택했다. 서울은 생활비도 많이 들고, 아이들을 데려오기 위해서 그렇게 했다. 아이들을 데려온 후 아이들 때문에 서울로 올라왔다. 많은 사람들이 서울을 더 선호하지만 자신은 전주를 선택한 것을 후회하지 않는다. 서울보다 전주가 살기에는 더 좋다.

Q: 재북 당시 주거형태

하모니카 주택. 1층짜리 주택인데 7~8칸으로 나뉘어져 있다. 대부분 주방과 방 1칸이다. 방이 2칸 있는 집도 간혹 있다. 화장실은 재래식이고 집집마다 있다. 집도 배정받는 것이기 때문에 다 운에 달려 있다. 평양과 같은 도시에는 아파트가 있다.

Q: 남한의 주거형태, 생활하기 편리한가

임대주택은 서울의 경우 22평 정도이고, 지방은 12평정도이다. 생활하는데 불편한 점은 별로 없다.

Q: 우리의 Project에 대해서 어떻게 생각하는가

긍정적으로 생각한다.

Q: Can you speak of housing assistance more?
A: Upon leaving Hanowon, relocating defectors get a Seoul home assignment, although I chose outside of Seoul to live. Many people prefer Seoul for a number of reasons, although obviously with the high cost of Seoul living this is becoming increasingly more difficult for others who have come here.

Q: By comparison can you talk about housing in North Korea?
A: My family lived in what are known as 'Harmonica' homes. They are single-story houses for common people. This housing type is divided into separate living areas only by the internal columns. As a result, most kitchens and the other domestic rooms are of one large space. Sometimes there are two room divisions in the house. Every house has a conventional toilet. Getting into this type of housing requires a bit of luck. I know it is much different living in the capital of Pyongyang, as there are better apartments there that one cannot find outside of the city.

Q: What is your opinion about housing in South Korea?
A: I have found, at least for many refugees, that space is quite small and the housing so expensive. While housing is modern and nice the small spaces provided by the government for families are inconvenient. This is especially true for those without higher means.

Q: What do you think about our project, as a design studio, in considering housing for refugees?
A: I think it is a necessary and 'positive' idea. Although I do think that the desire to be located in a single location with other refugees is usually frowned upon for safety and social reasons. Being in the area or general neighborhood near other defectors is fine- so long as everyone is not confined to the same building.

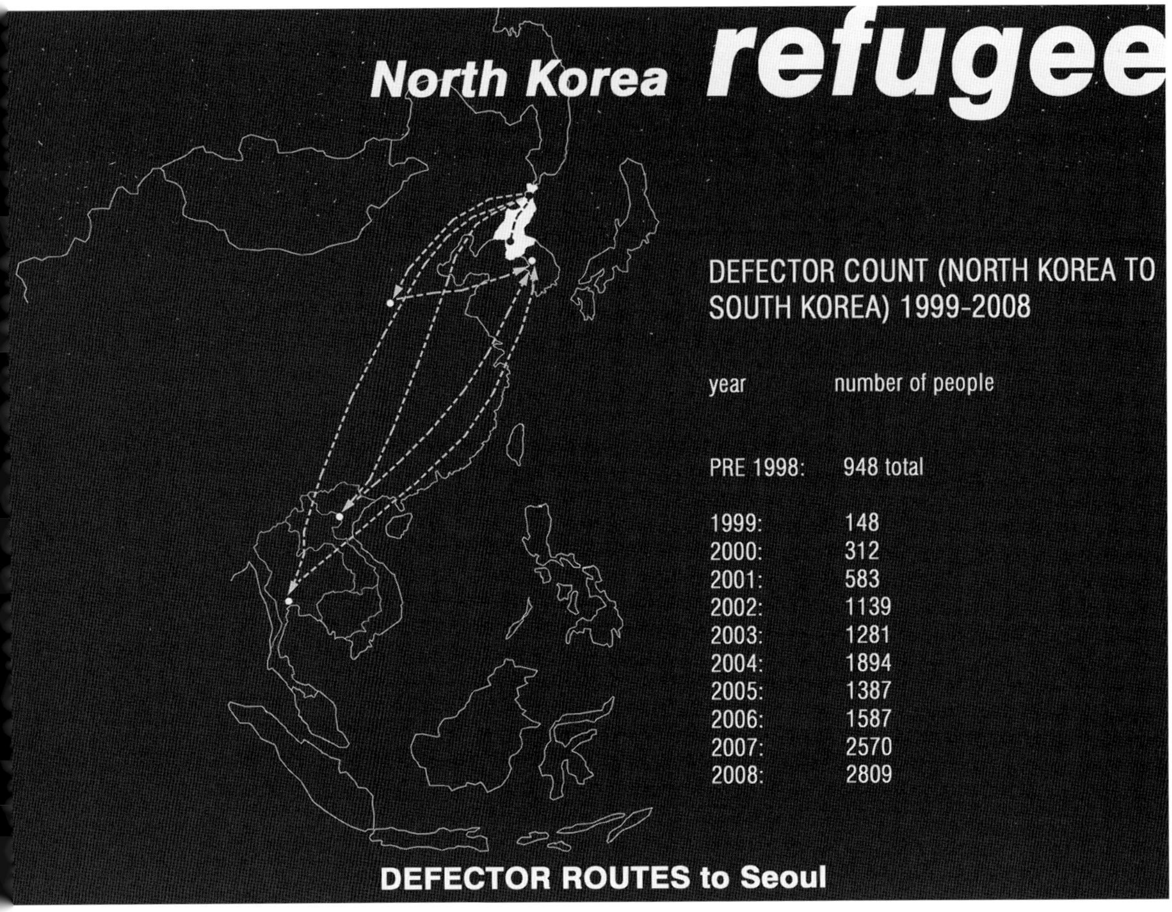

<Fig 42> Flight from North to South Korea rises annually as statistics have shown.
남한으로의 탈북현상은 통계상 매년 상승하고 있다

Housing Propositions

Transitory lifestyles and plight are common social denominators in the Seongsu neighborhood. Having traveled far over extended periods of time to arrive at Seoul, refugee lives are defined by hardships in movement and passage from one place to the next. The individual stories and perilous journey's via routes through China and other Asian nations, reveal insurmountable economic and social barrier. This research is pretext for hypothetical housing projects supporting North Korean refugees. We remain objectively clear in anticipating that the work establishes an informed starting point for exchanging ideas and raising awareness.

adapt*LAB* studio presents an objective housing program as theoretical studio approach for the inclusive needs of refugees. Housing, simply stated, is a barometer for social status and economic classification. Seongsu is well suited to establish a more balanced approach to residential planning and housing options. The needs of new arrivals to secure economic stability and finding places to live are achievable in this district of Seoul.

주택 제의

성수동에 내재한 도시환경의 일부로써의 교통편과 탈북자들의 역경은 공통점을 가지고 있다. 너무도 오랜 시간동안 서울에 도착하기 위해 강행해온 이들의 삶은 한 곳에서 그 다음 곳까지 이동하는 동안의 고난으로 뒤덮여있다. 중국과 다른 아시아의 국가들을 넘나드는 각 개인들의 위험스러운 여정에 대한 이야기는 극복할 수 없는 경제적, 사회적 장벽을 실감케 한다. 이 조사는 탈북자들을 지원하는 가상의 주거공간을 위해 마련 되었다. 우리는 여전히 이 작업이 아이디어를 교환하고 의식을 계몽하는데 많은 의미를 내포하고 있다고 확신한다.

adapt*LAB* 스튜디오는 탈북자들의 필요를 포용하는 주거프로그램을 이론적인 스튜디오의 접근으로 확장시켰다. 주거는, 간단하게 이야기해서, 언제나 사회적인 위치와 경제적인 계급에 대한 지표가 되어왔다. 성수는 주거지계획과 주택의 다양성에 대한 더욱 더 균형잡힌 접근을 하기에 알맞은 대지이다. 물가가 지나치게 높지 않으며 거주하기에도 적절한 접합점은 서울의 현실에 새롭게 도래한 수요이다. 성수는 이 두가지 조건을 만족시킨다.

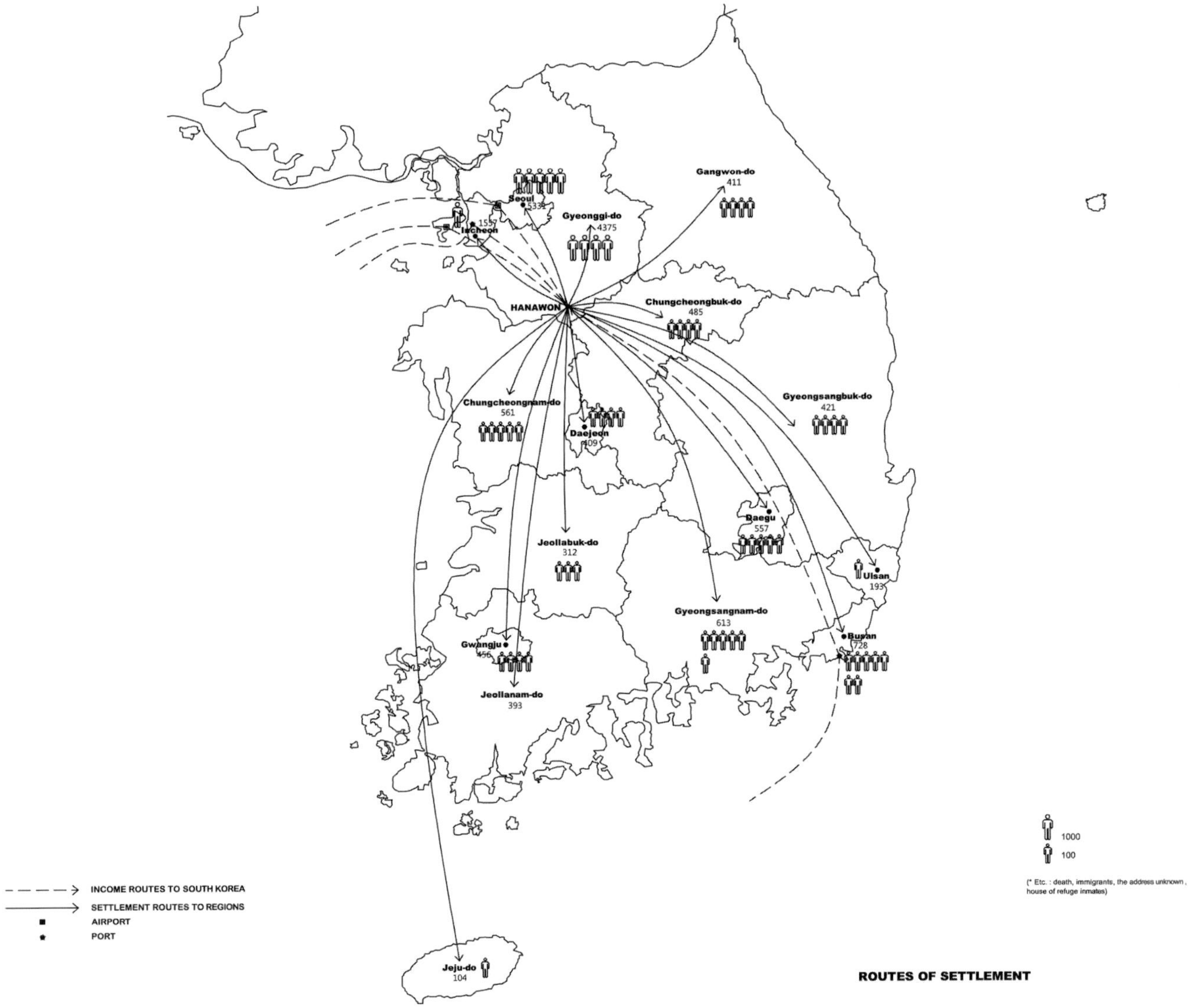

<Fig 43> The majority of refugees relocate to Seoul after indoctrination at Hanawon.
탈북자들의 대다수는 하나원에서의 교육 후 서울로 이동된다.

Refugee housing research revealed a lack of precedent, specifically from the greater local design community regarding this socially urgent topic. Like much of **adapt***LAB*'s comprehensive work, the Transit House studio devised a parallel investigation, foremost in raising awareness on the plight of North Korean defectors seeking basic housing. Second, a contextual reading and response within the Seongsu neighborhood in its transformative rezoning, while objectively promoting housing options for diverse populations in the city. This includes housing not only for refugees but others who struggle to find affordable domestic accommodation in the city. Seongsu's broad based neighborhood changes are the direct result of the Han River corridor renovation and ongoing speculative real estate boom. Yet, to what extent they open doors to housing opportunity for various economic and income levels remains to be seen.

Studio design proposals considered housing preferences and spatial arrangements of North Korean origin, including the basic needs for extended families residing under one roof. The program recognized necessities considering smaller unit types in circumventing an increasing national trend of independent, single person homes as well. The creation of support service programs were also important factors alongside residential units. With anticipated and projected yearly increases in relocated peoples, the studio determined a desirability in planning for housing supplies that can be readily expanded through time with phased solutions.

인터뷰와 조사들을 통해, 우리는 선례가 거의 없는 것을 발견하게 되었다. 이는 사회적으로 시급안건의 중요성과 서울의 거대한 디자인 공동체에 대해 생각해볼 때 굉장히 우려되는 부분이다. **adapt***LAB*와 마찬가지로, Transit House studio는 유치된 투자를 수평적으로 분리해내어, 거주할 곳을 찾고자 하는 새터민의 고통스러운 현실에 대해 경각심을 높이는데 쓰기로 했다. 이차적으로는 성수동의 구역개편을 분석하고 이에 대한 대응책을 내놓는 것, 그리고 도시의 다원화된 인구를 위해 객관적인 주거에 대한 아이디어들을 내놓는 등의 수평적인 조사를 진행하였다. 이 광범위한 이웃공동체의 변화들은 한강 복도의 보수와 계속되는 주택투기현상이 직접적으로 불러 일으킨 결과이다. 그러나 이는 경제적으로 다양한 위치에 있는 거주민들을 위해 여러가지 주택의 기회들을 열어놓게 하였다.

이 주택은 이북을 고향으로 하는 사람들의 거주 선호도, 한 지붕 아래 살아가는 확장된 가정의 형태, 그리고 보편적인 저임금 거주자들의 주거 시나리오를 염두에 두고 디자인되었다. 스튜디오의 프로그램에는 점차 늘어가는 1인 가구를 위한 수요 또한 존재해 이를 수용하였다. 탈북자들을 지원하는 서비스 프로그램을 창조하는 것 또한 중요한 요소였다. 예상되고 도출된 새터민들의 연도별 상승에는, 시간 흐름에 따라 제안된 해결법들로 확장될 수 있도록 준비되어져 있는 주택의 계획을 하게 되었다.

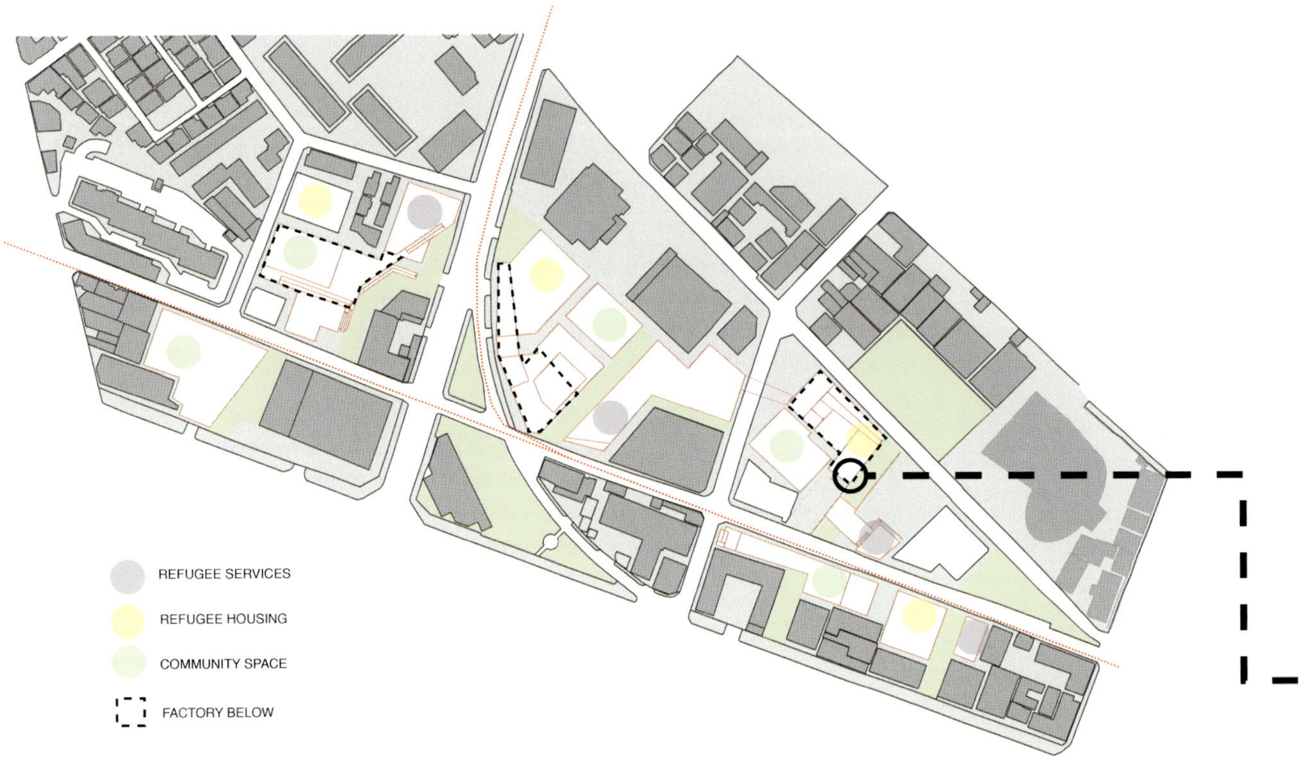

<Fig 44/45> Existing industrial structures along the metro corridor become foundations for renewed production- at street level- and housing additions above. Interstitial public spaces, between factories and residences become common grounds, student project.

지하도를 따라 현존하는 산업 구조들은 (가로의)새로운 생산을 위한 기반이 되었으며 주택들은 지상에서 추가 구축됐다.
공장과 주택지 사이의 공공 공간의 화합은 일반적인 근거요소가 되었다. 학생작품.

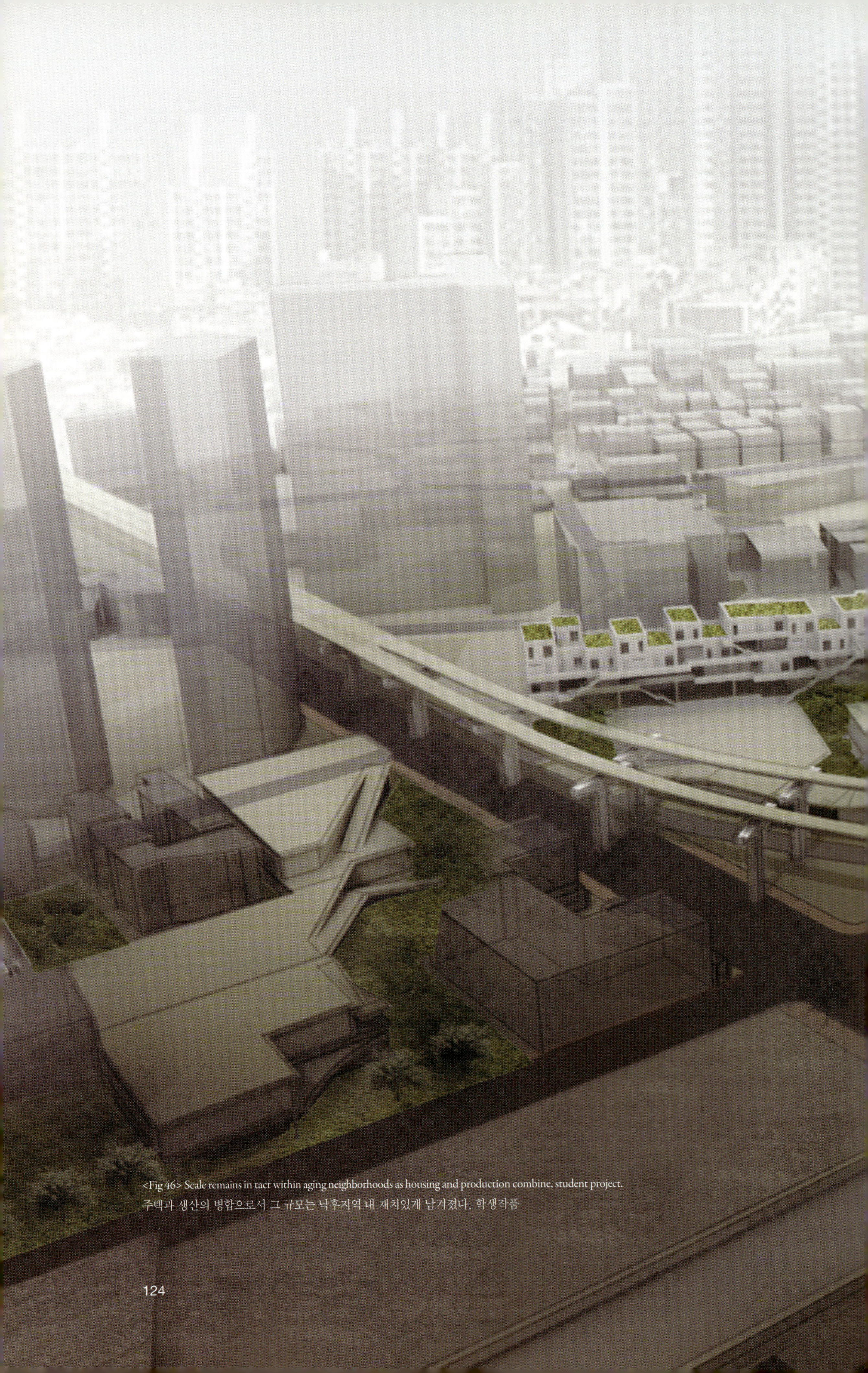

<Fig 46> Scale remains in tact within aging neighborhoods as housing and production combine, student project.
주택과 생산의 병합으로서 그 규모는 낙후지역 내 재치있게 남겨졌다. 학생작품

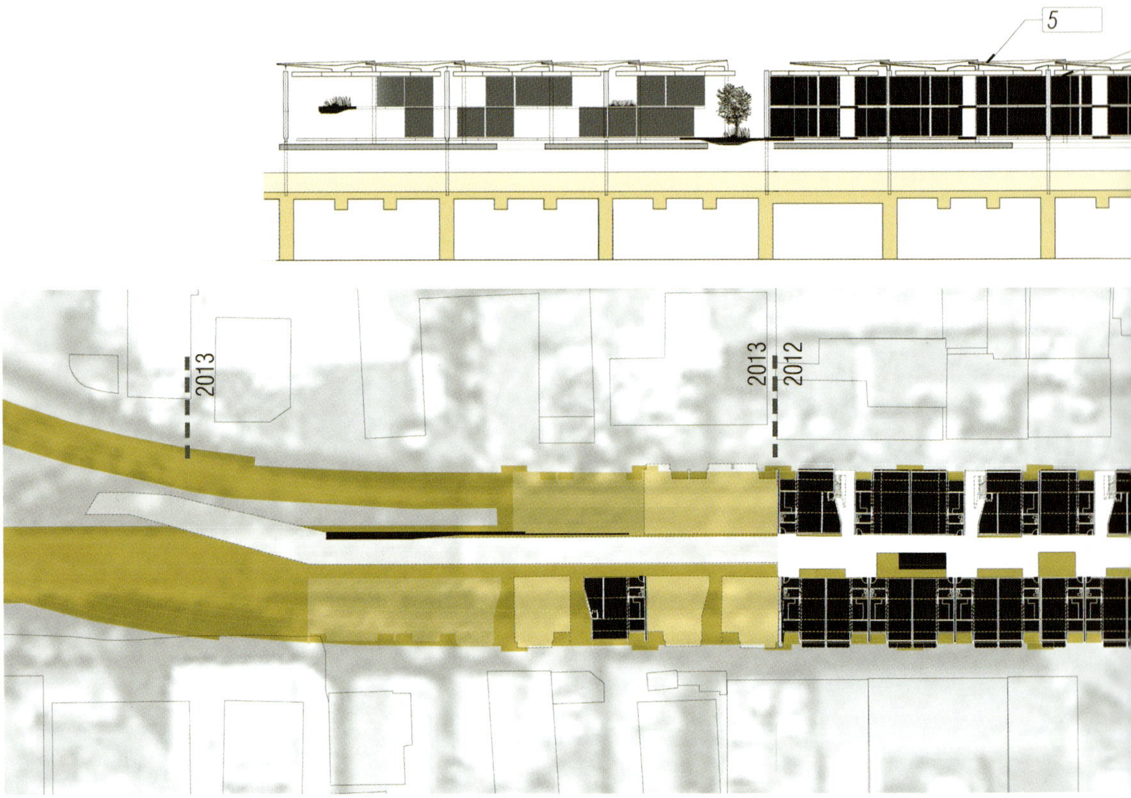

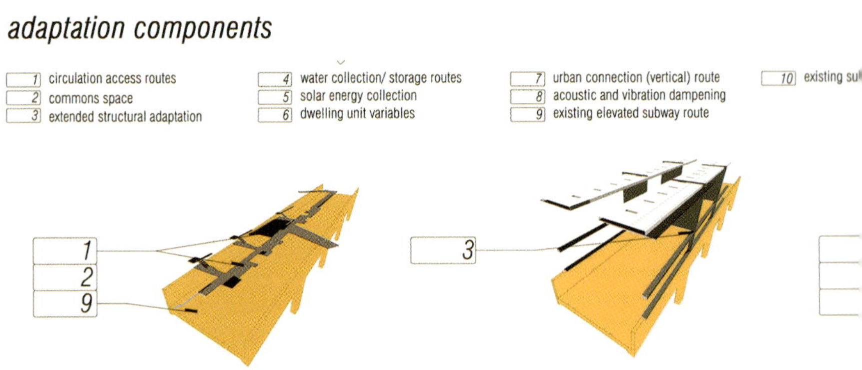

<Fig 47/48> Elevated metro as infrastructure for housing units.
개별 주택을 위한 공공기반시설로서의 상승된 지하철

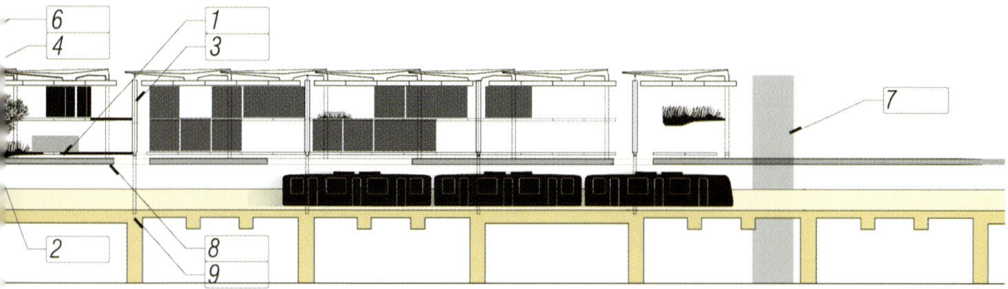

section

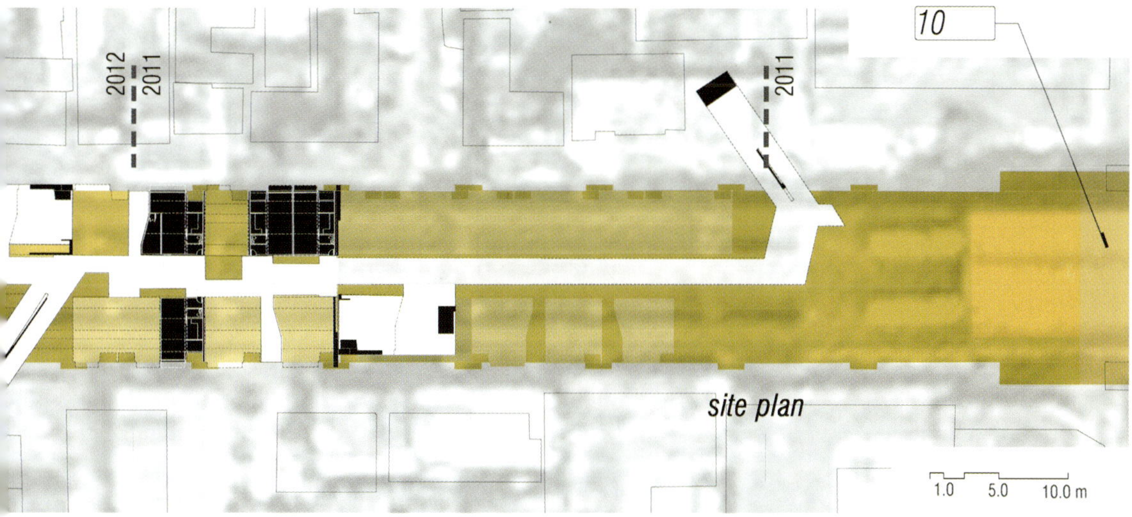

site plan

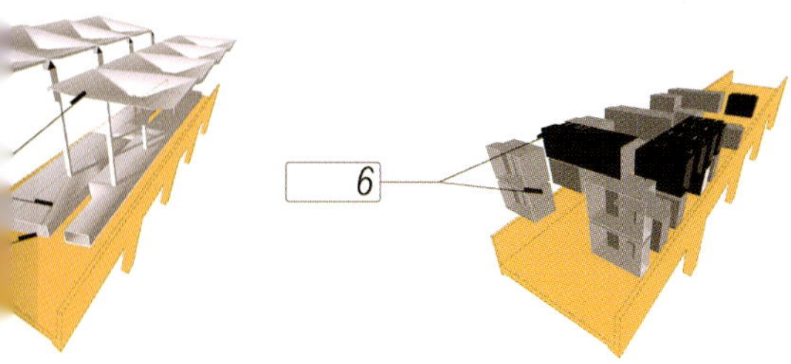

<Fig 49> Safe houses perched above underutilized infrastructure.
폭 넓게 활용되지 않는 공공기반시설 위에 놓여진 안전한 주택들

유니베라

<Fig 50> Super-structure.
상부 구조

<Fig 51> Public exhibition as forum for ideas and awareness.
아이디어와 인식을 위한 플랫폼 전시

세원 시장역

동아시아의 메가시티에서는 오로지 새로움, 혹은 독특함과 같이 눈에 띄고 계산되어진 면만이 중요하게 여겨져 건축물을 디자인하는 과정은 소외되기 쉽다. 노후 되어가는 서울의 산업 공동체는 보행자의 시선으로부터 숨겨져 있다. 그들은 침체로 인해 경제 발전의 표면으로부터 이동해 점차 내부로 모여들고 있다. 세원 시장역과 같은 '빈민가'는 겉잡을 수 없었던 도시화의 잊혀진 취약점이라고 할 수 있다.

산업화의 구역들은 입지가 점점 좁아지고 있다. 20세기 초반의 일제통치는 1 km의 도심 피부를 통째로 벗겨내었다. 이는 침략전쟁의 경우에 화재가 번지는 것을 예방하기 위해 도시의 이음새를 분리하는 것과 같은 역할을 하였다. 일제통치 이후 그들은 촘촘하게 엮인, 계획되지 않은 이웃공동체에 경공업의 씨앗을 심었다. 이는 당시 인지되지는 못했으나 협업 공동체의 적용 사례였으며 훗날 세원 시장역의 인근을 구성할 상호 의존적인 초소형 전자공학의 전조를 내포한 공장들이었다.

SAEWOON Market Station

In the East Asian mega-city, progress is measured with forgone popular conclusions that only new-ness matters and repetitive it often becomes. In aging industrial neighborhoods of Seoul, intricate inner blocks of working neighborhoods are stagnate, remaining hidden from passer-by views. These neighborhoods have become insulated within outer edges of economic progress. Some, such as Saewoon Market Station, seem to have become the forgotten underbelly of rampant urbanism, now designated and labeled as 'slum'.

Fewer and fewer remain, districts of industrial production. The Japanese occupation in the early 20th century stripped clear a one kilometer long stretch of city land, a seam in urban fabric to prevent the spread of fire in the event of invasive war. Post Japanese occupation seeded what would become light electronic industries of tightly woven unplanned neighborhoods which grew alongside Seoul's newest and most modern mixed residential development Saewoon Market. It was the uncharted adaptations of networked cooperation and inter-dependent 'micro' electronics shops that haphazardly shaped the neighborhood of Saewoon Market Station.

서울시 정권의 마스터 플랜과 "새마을" 마케팅은 승인을 기다리고 있다. 이런 계획들은 항상 통과되지는 않는다. 오랫동안 거주해오던 주민들이 그들의 집과 상점들을 포기하기 싫어하기 때문에, 불어나는 거주민은 도시 재개발에 있어 가공할만한 문젯거리다. 주민들의 항의와 사회정치적인 몸부림은 재개발이 이루어지지 않도록 붙잡아놓는다. 예를 들어 세원 시장역의 이웃 공동체는 비록 지금은 내리막길을 걷고 있으나, 한국전쟁 이후 60여년동안 깊게 뿌리를 내려왔다. 더욱 더 많은 주민들이 이 지역을 떠나면서 세원시장역은 사회적, 물리적으로 녹아 내리기를 반복했다. 시간이 끼치는 물리적인 영향력은 변화를 거듭하는 환경 속에서 실체를 찾는다. 낡아져 찢어진 플라스틱과 철 조각들은 먼지 쌓인 세월과 한 시대의 종료를 회상케 하는 피상적인 겉껍질이 된다.

오늘날, 세월시장역은 근근이 살아가고 있는 가운데, 얼마 남지 않은 상점들과 주민들은 개인 산업들의 멸종에 따라 이 지역을 떠나고 있다. 세원 시장역은 조밀한 빈 공간들의 집합이 되고 있다. 이곳 역시 한때는 삶이 살았던, 하지만 이제는 깨어진 물건과 다를 바 없는 곳이다. 비좁은 골목들은 새로운 형태의 황무지를 만들어낸다-그것은 도심의, 황량한 고립이다. 지나가는 자연의 잔인한 법칙 속에서 오래된 쓰레기와 부스러기들은 탈 산업화의 바람에 떠밀려 다닌다. 세원 시장은 이제 빈 공간과 다름이 없다.

색채 연구

서울의 산업 구역들은 시각적으로 건축재와 색채가 유별나다. 지극히 기능적인 역할만을 감당하는 도색 플라스틱과 철판들이 겹쳐져 있는 모양새. 그것들은 종류와는 상관없이 무작위로 마무리 재료의 기능을 하고 있는 것으로 보인다. 위에서 본 이것들의 밝은 표면은 서울의 균질한 베이지색 무리와는 확실하게 구분되어진다. 제한된 색은 '생산 지대'를 표시하는 지도에 표현될 법하다. 이것들은 도시화의 표면 위에 내려앉은 계획되지 않은 돌연변이와 즉석해서 적응된 개체들을 암시하는 것들이다. 이들은 서울의 임시적이며 생산적인 기반 역할을 하였고, 현대화를 향한 통로를 열었다고 볼 수 있다.

이른 여름, 장마철이 습격하기 전, 서울의 공기는 맑고 하늘은 여느 때보다도 아름답다. 이 때 공중에서 내려다보는 산업의 색채들은 밝게 빛나고, 보행자들은 좁은 골목 사이로 다채로움이 쏟아져 내리는 것에 감탄한다. 이것을 염두에 둔 채, 필자는 동업자와 함께 '작동하는,' 즉 운동성이 있는 설치물에 대해 생각을 했다. 이 설치물은 유동인구와 무심한 거주민들과 같이 수동적인 구성원들마저 함께 자재에 대해 고민하게 하는 즉석적인 전시회가 되었다.

Seoul city government master plans and promotional "new town" marketing await approval although not always easy to come by. A growing resistance proves formidable obstacle in new town plans, as longtime residents refuse displacement from home and commercial operations. Oppositions and social-political struggles keep development on hold. By example, the Saewoon Market Station neighborhood has taken deep root over the past sixty post Korean War years, although today it faces a declining trajectory. It continues to dissolve as a social and physical unit with more and more residents vacating. The physical effects of time have become real within the make-shift environment. Loose tatters of weathered plastics and metals reveal superficial layers of decades long dust, swift reminders of an era's extinction.

Today, Saewoon Market Station subsists loosely and the few remaining shops and residents are emptying with long gone shifts of private industry. Saewoon Market Station has become a collection of dense voids- full of broken objects, yet empty of life that once sustained it. The narrow alley streets have formed a new kind of wilderness; urban, desolate and isolated. Rubbish and tailings swirl in post-industrial winds, having taken the place of natures cyclical fall. The ground of Saewoon Market is metaphorically empty.

Color Studies

Seoul's industrial areas are visually distinct in material type and colorization. They appear unmistakably singular in function by their very haphazard, ad-hoc surfacing; comprised of colored plastics and lapped seam, blue sheet-metal roofs that provide functional cover. Seen from above these bright surfaces plainly define activity amongst Seoul's beige, homogenous mass. Color, in limited quantity, is rendered in patchwork maps of 'production-zones,' clues to improvisational adaptations and unplanned mutations at the cities surface. These have become Seoul's provisional productive foundations, having piloted (and exported) a path to modernization.

In early summer, the air remains relatively clear and the Seoul sky reveals some of the most brilliant sunny days before the onset of the hazy, summer monsoon. These times provide the best views of Seoul's industrial colors, both above, from birds eye perspective, and at street level when brilliant hue's filters down through narrow street passages. With this in mind, my collaborative partner and I conceived a 'working' installation. One that became an improvisational exhibition, with passing and unwitting neighborhood residents as passive participants alongside our material observations.

<Fig 52> Boris Oicheman proposition for spatial transformation and visual interruption, 2012
공간적 변형과 시각적 간섭의 보리스 오이처만의 제안(2012)

Working with artist-in-residence Boris Oicherman, our overlapping agendas set out in material and spatial experimentation with varied degrees of expectation. Our methods were clearly anticipated in choice of material application. Boris has worked extensively with metallized polyester film and my interests in urban documentation (and interpretation) were well matched as a paired collaboration. How do we capture latent and often unnoticed conditions of public urban spaces, specifically within the appropriated realm of city streets? How can this contribute to our understanding and growing knowledge of place in terms of site, use and area analysis? These were a few of the questions we sought to answer in our material tests.

이 지역에 거주하는 예술가, 보리스 O. (Boris Oicherman)과 함께 우리의 겹쳐진 화제들은 다양한 정도의 기대를 품은 채 재료와 공간적인 실험의 형태로 실체화되었다. 우리는 재료를 선정하는 것에 큰 기대를 품고 있었다. 보리스는 빛을 반사하는 금속화된 재질의 폴리에스테르 필름으로 광범위하게 작업해왔었다. 필자의 관심은 도시를 기록하는 일, 그리고 분석하는 일에 있었다. 이 둘은 곧 좋은 협력관계가 되었다. 우리는 어떻게 최근의 그리고 때로는 인지되어지지 못하는 도시의 공공장소들을(특히 도시 거리의 현실) 적절히 담아낼 수 있을까? 이것이 우리의 이해와 자라나는 장소에 대한 지식들에 힘을 실어줄 수 있을까? 이 질문들은 도심의 재료 실험에서 답을 얻어내고픈 몇 개의 물음들이었다.

대강의 설치과정은 계획되어진 것과 동시에 즉흥적이기도 했다. 직관적인 충동으로 움직인 행위였으나, 지나고 보니 우리의 충동적인 움직임은 놀라운 발견을 가능케 하였다. 우리는 금속화된 재질의 폴리에스테르 필름을 사용하여 좁은 골목길을 따라 늘어놓기 시작했다. 종잇장처럼 얇은 필름들은 하늘에 걸친 오색빛깔 케노피들을 반사시켜 길고 좁다란 길목안으로 다채로운 빛깔들을 아른거리게 했다. 이 설치는 좁은 길을 따라 강렬하며 일렁이는 빛의 효과들을 만들어냈다. 우리는 필름지의 위치를 선정하고 뒤트는 계산된 대응을 통해 색의 조합을 형성해냈다.

이 금속화된 필름지를 순서대로 설치해나가면서, 우리는 밀도 높게 겹쳐놓은 채색된 플라스틱 어닝들이 가장 빛을 잘 반사시키는 역할을 하는 것을 발견했다. 임시 차양들과 상업적으로 모습을 드러내는 철문들 옆에는, 빛의 파장과 물흐르는 듯한 문양들이 이 철 표면 위를 춤췄다. 필름지를 한장 한장 고정시킬 때마다 우리는 이 놀라운 빛깔들의 모습을 사진으로 찍었고, 그렇게 함으로써 자연광의 변형을 이용한 비상한 공간적인 변태를 담아낼 수 있었다.

이 골목길들을 여전히 열린 통로로써 활용 가능하도록 하는 것이 우리의 계획이었지만, 한껏 늘어놓아진 필름들은 물리적 장애물들이 되어 이웃간의 소통을 가로막았다. 이웃주민들은 이 통로에 대해 의문을 가지게 되었다. 이 작업은 우연히 마주치는 보행자들을 멈추고 머뭇거리게 만들었다. 오래된 이웃공동체의 활동에 지장을 주었던 이 삽입은 문서화하는 가운데 필자를 불편하게 만들었다; 일시적인 시선만을 유도하는 도시의 대중적인 통로라.

The brief installation was both planned and spontaneous. In hindsight an act of intuitive kinetic impulse yet, the spontaneity of our actions fed surprising discoveries. We positioned the reflective film lengthwise covering narrow gol-mok-gil (alleyway) streets of Saewoon Market. Unfurled, the paper thin film reflects the colored canopies above; reds, yellows and greens, creating saturated and shimmering light effects throughout compressed street spaces. The coloration aftereffects influenced our choices for calculated repositioning and contorting of the metallic material.

As we sequentially positioned the razor thin film, we realized that locations with densely overlapped arrangements of colored plastic awnings provided the most luminous visual effects. Alongside the makeshift awnings and commercial roll-up metal doors, the appearance of rippling light shimmered off of metallic surfaces. With each repositioning we photographed the random colorations, capturing the spatial metamorphoses induced by the natural light filtrations.

Maintaining open passage of the narrow streets was part our planning as the outstretched film presented physical and perceived obstacles in which navigation for neighborhood residents and workers became an instance of questionable circumnavigation. The momentary installations created moments of pause and hesitation for unsuspecting pedestrians. It's disruptive insertion amidst the everyday activities of the old neighborhood was itself an intrusive act in the documentation process; public city passages, as cause for momentary spectacle.

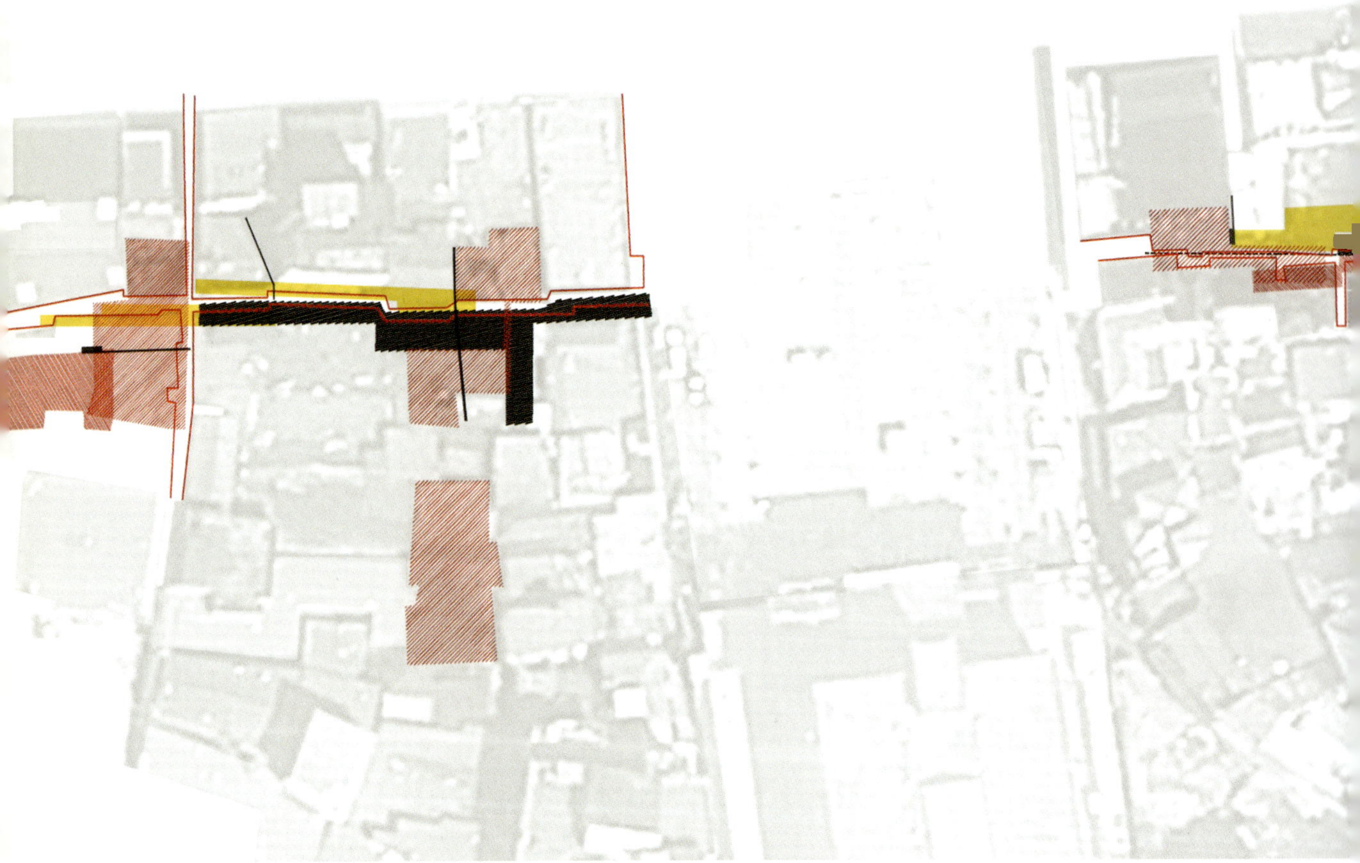

<Fig 53> Preservative Measures' urban plans for installing and recording, 2012.
설치와 기록을 위한 '보존 기준' 계획 (2012)

<Fig 54> Preservative Measures' color records, 2012.
색채 기록의 '보존 기준' (2012)

DUAL
방열판

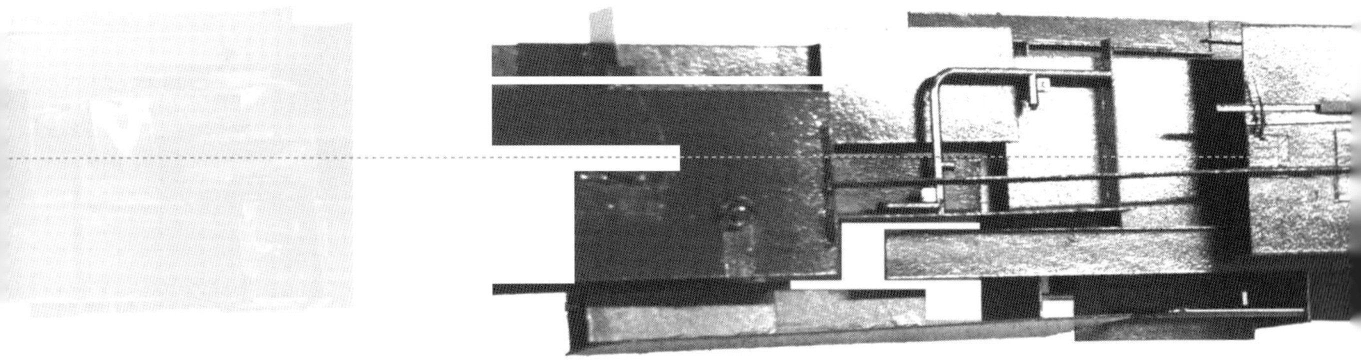

<Fig 55> Preservative Measures' adapted streets, 2012.
개선된 거리의 '보존 기준' (2012)

<Fig 56> Preservative Measures' color records, 2012.
색채 기록의 '보존 기준' (2012)

탁구
인력
765-5133
건설인력
능엄신주
테이프·CD
건설인력
735-7898
해장국

<Fig 57> Preservative Measures' color records, 2012.
색채 기록의 '보존 기준' (2012)

재활용: 오래된 것과 새 것

필자와 비평가 브루스 토마스(Bruce Thomas)는 새로운 "이미지"에 대한 약속이 이제 "미디어가 두드러지는 현대의 세상"에 생산물의 "실제"보다 더 큰 가치를 두고 있다고 제안했다. 우리가 "다음 신상품"을 탐내는 끈질긴 전자매체의 몰이에서 살펴볼 수 있듯이, 내용물이나 그 물체에 대한 효과보다는 첫인상이 유용성을 결정짓는 요소가 되었다. 토마스의 에세이, '문화 구입'에서 그는 ' 새로운 것'에 있어 유행만을 따르고 "원칙"은 사라진 이 이상한 현상에 대해 이야기한다. 이 이상한 현상들은 앞뒤 문맥 없는 소셜 네트워크상의 비판과 비난들로써, 그리고 미화된 오늘날의 '이미지' 로써 표출된다. 우리가 고민하는 것과 같이, 건축입지의 축소가 이제 빠른 주기의 상업용 소모를 위해 생산되는 판매용 제품에 불과하다는 토마스의 비평은 우리가 잠시 멈춰서 생각해야 할 이유가 된다.

Re C Y C L E R: Old and New

Author and critic Bruce Thomas has suggested that the promise of new-ness in "image" specifically, holds independent value over the "reality" of product in todays "media saturated world".[20] Usefulness rests on first impressions alone, with little regard for content or after effect, as we witness digital media's drive for a relentless and coveted search "for the next new thing". In Thomas' essay, 'Culture, Merchandise, or Just Entertainment? New Architecture at the Millennium' he goes further to question the loss of active "principles" in 'new'. Thomas proposes thought and process now succumbs to fashionable statements, as demonstrated in both words (considering our penchant for truncated language, as we bicker anonymously over social networks) and the glamorization of popular 'image'. We might contemplate Thomas' suggestion to the effect that the reduction of architecture specifically, is no more than a salable product solely for rapid commercial consumption and a cautionary reason for pause and reflection.

20. Journal of Architectural Education (JAE)

글이나 그림으로, 혹은 몇몇 실천가에 의해서 건축적인 실행으로서의 건축은 '새로움' 의 개념과 오랫동안 논쟁 중이다. 이 논쟁들은 때로는 이론적인 담론들에 그치곤 한다. 신기루와도 같은 표현과 무엇이 될 수 있을지에 대한 묘사에는 관심을 이끌고자 하는 의도가 중심인 경우가 많다. 이것은 어떤 의미에서는 환경디자인 분야에 항상 존재해왔다. 건축의 매력은, 부분적으로는 당시 존재하는 트렌드를 시각적으로 깨는 것이다. 이는 그럴 듯 한 아이디어들을 판매하는데 있어 꼭 필요한 부분이다. 그러나 우리가 주의해야 할 것은, '새로운 것' 을 문화나 물리적인 것으로 생각하고, 지속가능성보다도 사회적으로 밀접하다고 여기는 것 이다.

현대 건축은 시간의 흐름에 대해 끊임없이 몸부림친다. 우리는 지나간 것에 대해 새로움을 항상 계측하고, 멋이 없어지고 세련됨을 잃은 것을 찾아내고자 한다. 무엇이 있었다는 얄팍한 광채는 수치스러운 촌스러움이 된다-물체 그 자체가 또 다른 의미에서는 "노화되는 것" 이다. 특히나 모더니즘은, 아주 깨끗하고 결점 없는 존재를 지향 한다. 그들의 기대는 시간의 흐름에 방해되지 않는 연속적으로 보호된 완벽함이다. 한편으로, 현대 건축은 계절적인 기후로 인한 노후효과, 그리고 시각적, 내용적으로도 새로워 보이기 위해 끊임없이 시간의 개념을 저버리고 있다. 이제는 시간의 흐름을 숨기기 위해 끊임없이 목표를 세우는 것과 다름이 없다.

서울의 낡은 것과 새로운 것

서울의 극명한 신과 구의 차이는 이제 경쟁적인 단명의 기로에 서 있다. 도시내 어디든 존재하는 유비쿼터스나, 시시각각으로 교체되는 상점의 간판들은 유행에 민감한 "몸짓" 이며 드러내놓고 표현하는 변화를 향한 경제적/문화적 욕망의 분출이다. 기생물들은 매일의 건물들에 부착되어있으며, 그것들은 끊임없이 조정되어가는 표면들 임과 동시에 트렌드에 대한 쇼윈도 역할을 한다. 그들은 기회와 환경의 기상변화에 따라서 신속하게 변화해 나가며, 내일 있을 또 다른 유행의 필연적인 즉시성에 대해 궁극적으로는 건물 외관과 더 나아가서는 도시의 경관에 표현하는 특성을 가진다.

여전히 '새로움' 은 서울의 문화적 전통들에 대한 갈망에 관한한 그 공간을 설계할때 유효하다. 즉흥적인 공공 공간들이 개인적인 상업활동과 겹쳐지게 될때, 낡은 것과 새로운 것은 상호적으로 엮여지게 된다. 즉흥성에 대한 갈망은 규제되어있는 기관들과 함께 나란히 서 있으면서 실제화된다. 전통에 대한 타당성은 새로이 만들어진 그 무언가에게 항상 도전받아왔다.

동시대의 한국도시는, 회색지대, 공간 사이의 틈들을 밝히며 공공의 것과 개인의 것이 호기심가득한 모호함과 타협된 공간적인 소유들을 드러나게 한다. 이러한 현상은 한국 특유의 오래된, 비정형의 길가 상점들에 의한것인가, 혹은 공공의 토론장 역할을 했던 마당공간에 의한 것인가? 공공의 것과 개인의 것은 종종 구분되어 있지 않을 때가 많다. 우리가 서울 곳곳에서 볼 수 있듯이, 공간적인 '새로움' 은 한편으로는 계획되지 않은, 독특한 '오래됨' 과 애매모호하게도 비슷한 특성을 가지고 있다. 그러나, 도시는 이 둘 사이에 정체되어 곳곳에 어제와 오늘이라는 극적으로 다르지만 매우 친숙한 교차로 위에 서있는 듯 하다.

Architecture has long been in contention with the notion of 'new', be it in theoretical discourse; written or illustrated, or methodically in what some practitioners claim as forwarding approaches in design implementation and practice. And as we look at architecture, the illusionary renderings and depictions of what could be are often at center of captivating attraction. To some extent this has always been true in the practice of environmental design. Architecture's allure in part, is as object to be visually desired in what we think of as ground breaking innovation. This to a great extent is necessary to sell convincing ideas however, we must question; can we critically consider 'new' as a more socially relevant cultural, physical or even sustainable phenomena?

Modern Architecture is in constant struggle against the wears of time. We compare newness against the past and that which has lost flavor and style. The superficial luster of what once was, then becomes an unremarkable pass?; the object itself has become in a sense, "old". Modernism, in particular, has long been a purveyor of the pristine and defect free. It's very projection requires an uninterrupted continuation through time of manicured perfection. In a sense, modern architecture is continually deterring age, especially considering the effects of seasonal weathering, in order to remain visually and even contextually relevant. New, it appears, is in perpetual struggle in disguising the effects of time.

Old and New in Seoul

Seoul's oppositions of old and new are contentiously ephemeral. Ubiquitous throughout the city, ever changing commercial storefronts have become fashionable 'signs', demonstrative of the economic and cultural desires for change. Appendages attached to everyday buildings, these continuously altered surfaces are indications of trends. They demonstrate a quick necessity of adaptation in the climate of circumstance and chance, ultimately revealing the ad hoc nature of 'what's next' in exterior and ultimately urban projection.

Still, 'new' in Seoul reveals a desire for cultural traditions as evident when examining spatial configurations. Where impromptu public spaces intersect with private commercial activity, notions of old and new become actively intertwined. The desire for spontaneity and simultaneously regulated organization, appears real as they stand juxtaposed. Traditional relevance is challenged alongside what has been newly made.

The contemporary Korean city, reveals in-between gray zones; gaps, where public and private entities coalesce in a curious tolerance for undefined and negotiated spatial ownership. Is this cultural reference to the age old, free form Korean street market or perhaps the common use, public forum madang space? The boundaries between what is public and that which are private are often not so clear. As we witness throughout Seoul, the spatial 'new' in a sense retains qualities of being ambiguously similar to the unplanned, unorthodox 'old.' Thus, the city appears caught in-between, and in places, polarized at a junction of two moments in time; yesterday and today.

<Fig 58> New is just a stick-on facade away, with appearances refreshed instantly in Seoul.
서울의 순간적 신선함을 만드는 외형으로 그저 새로움이 파사드에 붙여졌다

style holic

새로운 오늘

오늘날 너무도 많은 학문들이 '현대적인' 결과물로 인식된 오늘날 도시의 형태에 '새로움' 이란 무엇이냐에 대해 활발히 토론하기 시작했다. 낡은 사물들과 자재들을 지키고 기능적으로 우수하고 미관적으로 아름다운 형태들로 새롭게 단장시키는 것은 이러한 접근법이 현실로 실현된 방법 중에 하나이다. 많은 예술가들과 디자이너들은 그러나 이렇게 낡은 것들을 새로운 생명의 순환에 존속시키기고자 하는 움직임에 둔감하게 반응한다. 이는 이 제안이 개념적으로나 창의적 실행의 문제에 있어서나 대중성을 잃은지 오래인 탓이다. 그러나, 오로지 건축가들은 낡은 물체와 자재들을 활용시키는 이러한 움직임에 지속적으로 참여하고 있다. 우리는 가끔 처음 사용하는 것에 대해 완전한 순수함을 요구한다. 그러고 보면 이것은 '새로움' 에 대한, 특히 모더니즘에 있어서는 더욱 더 필요조건이 아니었던가?

이제 '새로움' 은 유지 보수에 민감한 재료선택을 요구한다. 우리들은 흔히들 사용하고 버리는 행위에 대해서 관찰해봤을때 주로 이 행위들이 이루어지는 태도에 관해 아무런 자각을 느끼지 못할 때가 많다. 분명하게도 이는 우리의 현실이다. 우리는 충분히 건축의 짧은 수명과 신속한 시공의 유사품을 찾을 수 있다. 우리는 순간적인 경제적 이득을 충분히 만족시켜줄 때까지 짓되, 재료와 환경적인 결과물에 대한 고려는 좀처럼 하지 않는다. 지속가능성에 대한 실습으로는, 자재선택과 자원회복은 신중하게 접근해야 하는 문제들임이 의심의 여지 없이 맞다.

오래된 프로젝트로부터의 새로운 공적 장소

ReCYCLER는 **adapt***LAB*이 학문적 스튜디오의 활동을 하기 위해 창조된 개념이다. ReCYCLER는 우리활동이 재활용에 대한 대중의 인식에 어떤 영향을 끼칠 수 있는 지를 살펴보는 프로젝트로, 기능적으로, 혹은 형태적으로 오래된 재료를 구조화시키고 새롭게 규정하는 주제였다. 우리는 재생가능한 자원들을 찾으며 '새로움' 이란 어떠한 것이 있을 수 있는지, 그리고 새롭게 변화된 자재들의 조합이 어떻게 하면 진보적인 사고를 나타낼 수 있을 지 에 대해 고민하였다. 현재의 건축에 있어서 지속가능성은 상투적인 면모로 퇴색 되어진 바가 없지 않아 있다. 안타깝게도, '녹색' 마케팅만이 바람직한 예시로 남아있는 반면, 마케팅에 있어서 낱말들과 컨셉을 표방하는 말들은 늘 새로움을 추구해야만 한다. 그에 대한 반응으로써 우리는 단편적인 새로움이 아닌, 지속가능성에 대한 종합적인 움직임이 우리의 자재선택의 모든 방면에 영향을 끼칠 수 있도록 하였다. 재료의 생명에 있어 재사용과 연속성은 실제 작업현장에서 필수적인 요소가 되어야 한다는 것이 우리 사고의 중심이었다.

건축의 정의로서 체계적인 시스템을 가졌다는 것은, 수 십층의 거대구조물이든 공적 생활을 위한 작은 규모의 주택이든 간에 다양한 규모에 적용이 가능하다는 것이다. ReCYCLER는 규모화된 공적 공간들 가운데 더 큰 시스템 내에서 동일한 영향력이 발휘되는지를 알고자 했다. 우리는 일반적으로 서울의 공공 장소들이 필요에 따라 개인화된 공간들로 변모했다는 것을 발견하였다. 공공 공간에 대한 자각은 종종 기본적인 필요들과 규제에 대한 무지로 비롯한 각종 추측에 근거한 영역들에 머물러있을때가 많다.

서울 속 공공장소의 현실을 고려했을 때, 우리의 개념적인 접근은 이동 가능한 방식의 주거를 통해 활동성의 개념을 결합하였다. 우리는 공간적인 배치와 재료의 교체 가능성을 고려한 다양한 디자인 개념을 추구하였다. 우리가 선택하고 작업했던 자재들은 지난 스튜디오의 디자인 예제들로부터 마련되었거나 산업체와 외부공급원의 제2세대인 경우가 전부였다. 그러한 자재들은 그 자체로 이 후 재활용이 가능하며 필요한 곳에서 필요한 역할들을 다 마치고 난 뒤 재사용이 가능해, 끊임없이 이어지는 선순환을 가능하게 한다.

New Now

Today, numerous creative disciplines are challenging the definition of new in response to what manifests as a recognized 'contemporary' aftereffect. The implementation of old objects and materials that are repurposed into functionally useful and aesthetically appealing forms are some of the ways in which this is explored. For many artists and designers though, there is little epiphany in this notion, as the reclamation of old things adapted for new life cycles, has long been popular as a conceptual and creative medium. However, for Architects there remains stigma in both objects and materials which are not new. We often expect the unblemished purity of first time presentation and utility. After all, this is requisite in being at the forefront of 'new' and, in fact, modern to a greater extent- or is it?

Now, 'new' requires a sustained effort in material awareness. What we use and discard especially comes to focus with prevailing usual attitudes of use, discard, and forget-about attitudes. Certainly today this is a consumptive reality. We can make comparisons and find similarities in the short life cycles of architecture and construction in general. We build to satiate momentary economic gains, sometimes with little foresight or hindsight in material and environmental consequence. Significant though, material choices and resource recovery are critical approaches in quest of sustainable practice.

Public New from Old Projects

R e CYCLER was imagined by **adapt***LAB* as concept for a recurring annual studio. R e CYCLER has become a directional topic for salvaging and repurposing old materials in new formations and functions, with interest in how these material rearrangements impact public space and perception. We have taken to task of seeking out reusable resources (and less so) in considering what 'new' can be, and how re-appropriated material assemblies are recognized as forward thinking. Sustainability has become cliche in architecture. Unfortunately, words and concepts stop short of change, as 'green' imagery alone tends to remain idealized. In response we contend the collective actions imbued in our material choices have direct impact on sustainable perceptions. The reuse and continuation of material life cycles must be integral in practical application.

Architecture, as an organized system by definition, is relevant at various scales, be that of a multi-story super structure or closer to our grounded proximation in small scale accommodation for public amenity. R e CYCLER has examined how scaled interventions inform and highlight public space as components within larger working systems. In general we have discovered that 'public' places in Seoul have become personalized entities out of necessity. The realities of public space are often speculative realms, born of basic necessity, irregardless of regulation.

In considering conditions of public space in Seoul, our conceptual approach combines notions of active accommodation through mobile or transportable arrangement. We have pursued variables in design option, each in terms of spatial configuration and material inter-changeability. The materials we select to work with are salvaged from previous studio design exercises or second generation materials from industry and outside sources. These themselves can then be recycled and reused at the end of useful cycles, perpetuating ongoing scenarios.

<Fig 59> Commons space in contrast with designated program spaces; working in public.
계획 공간에 디자인된 유사하면서 대조적인 공공 공간.

High utilization rate Facility

아래의 그림은 이용 또는 이동이 많은 시설들의 면적을 비교한 것이다. 학생회관은 아래의 시설들을 중심으로 많은 이용을 하고 있다. 출입이 불가능한 곳과 기타업무를 담당하는 곳을 제외하고 가장 많은 공간을 차지한다. 그렇기 때문에 결과물을 설치하는 장소는 1층 로비를 중심으로 고려해야 한다.

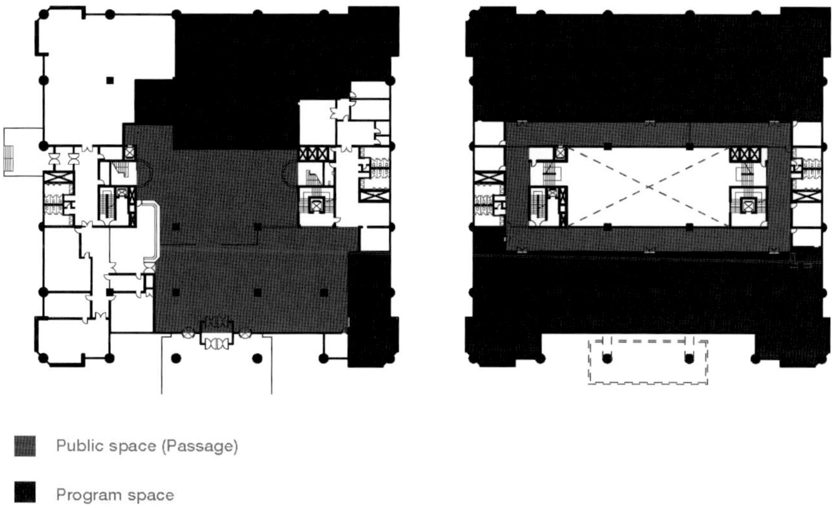

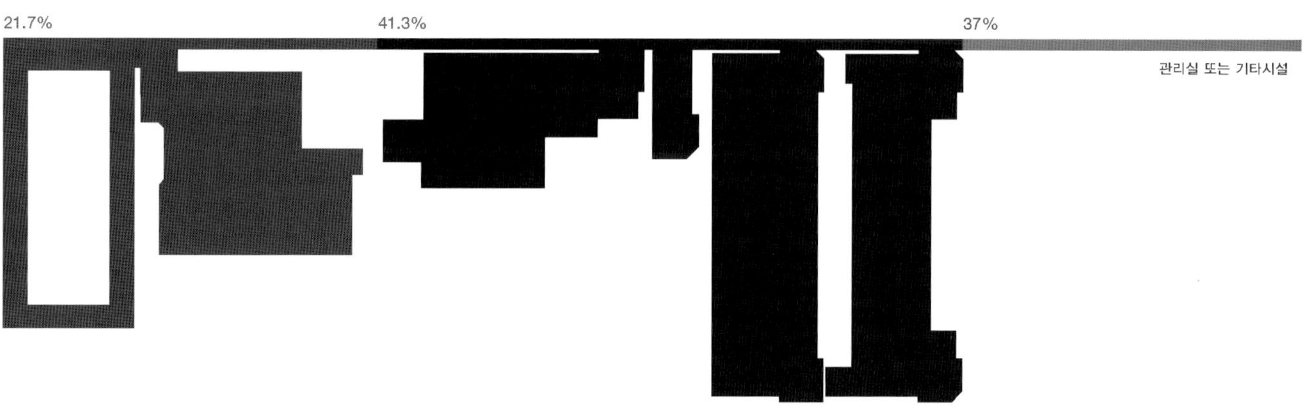

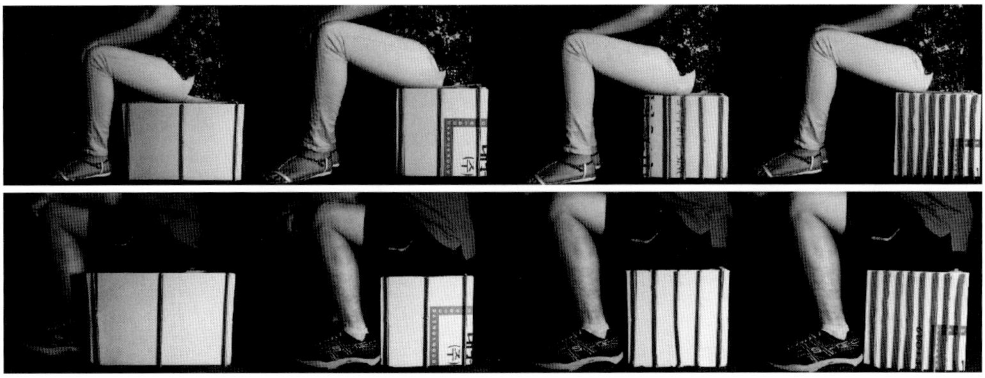

18x18 | 12x12 | 5x5 | 3x3

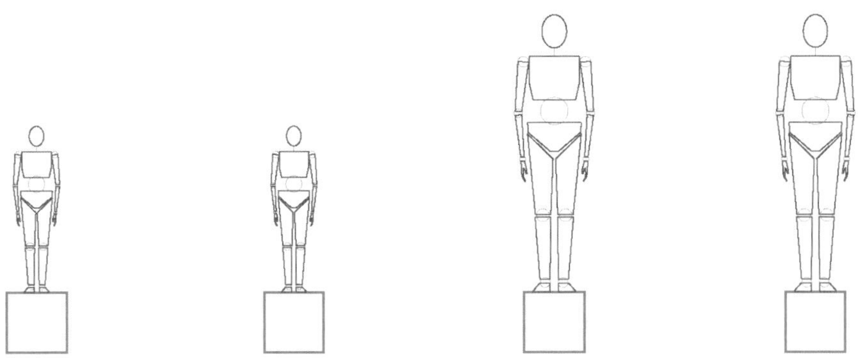

48kg | 48kg | 85kg | 85kg

<Fig 60/61/62> Grid as structure and organization.
Grid adaptable in material explorations and exploitations.
Grid can be of recycled and recyclable content.
구조와 조직으로서의 격자, 재료적 연구들과 개발로 인해 조정된 격자, 재활용품으로 구성된 격자는 재활용 될 수 있다.

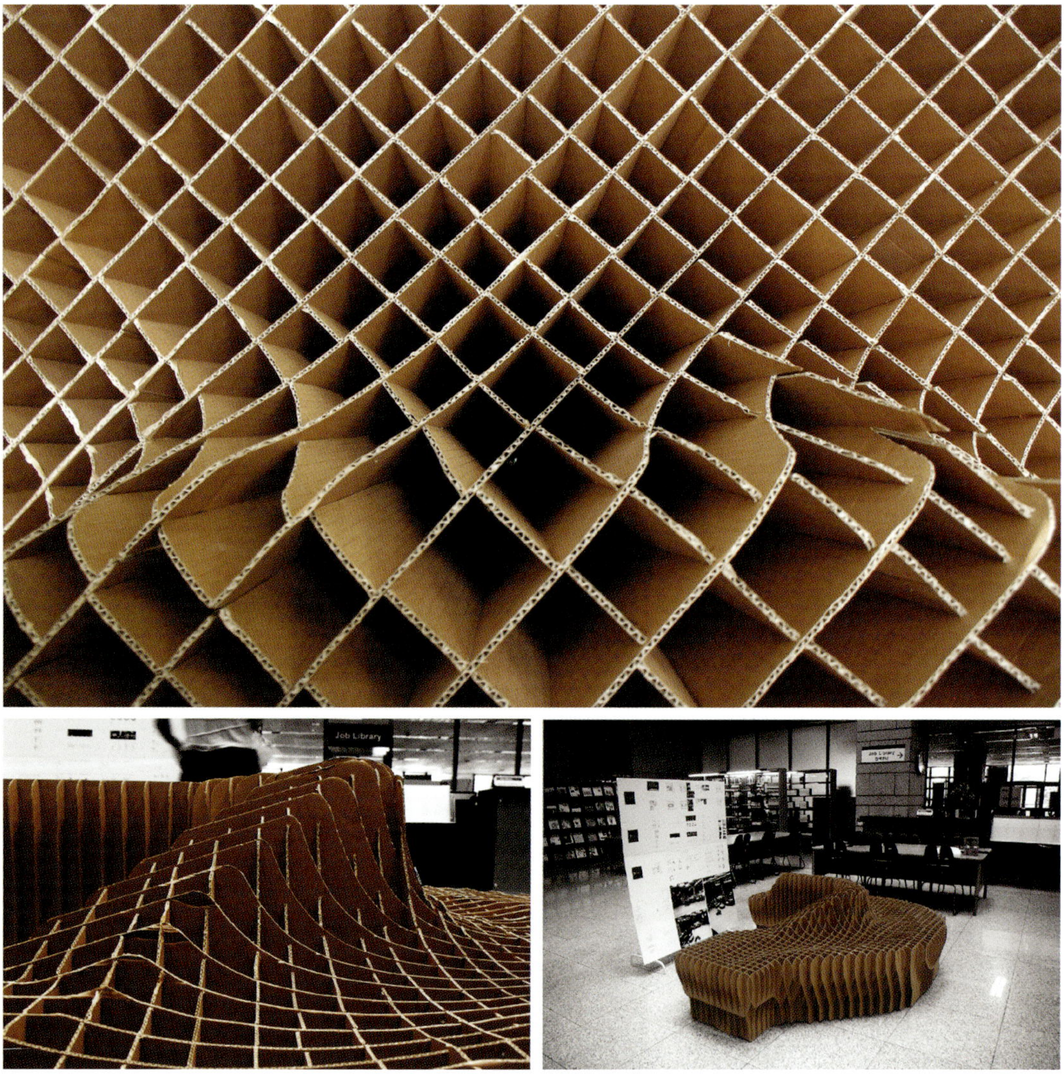

<Fig 63/64/65> Mutable grid; public seating in the Sanghuh Memorial Library commons on the Konkuk University campus.
건국대학교 캠퍼스의 상허기념도서관 공공건물의 공공 좌석인 변화된 격자

Job Library

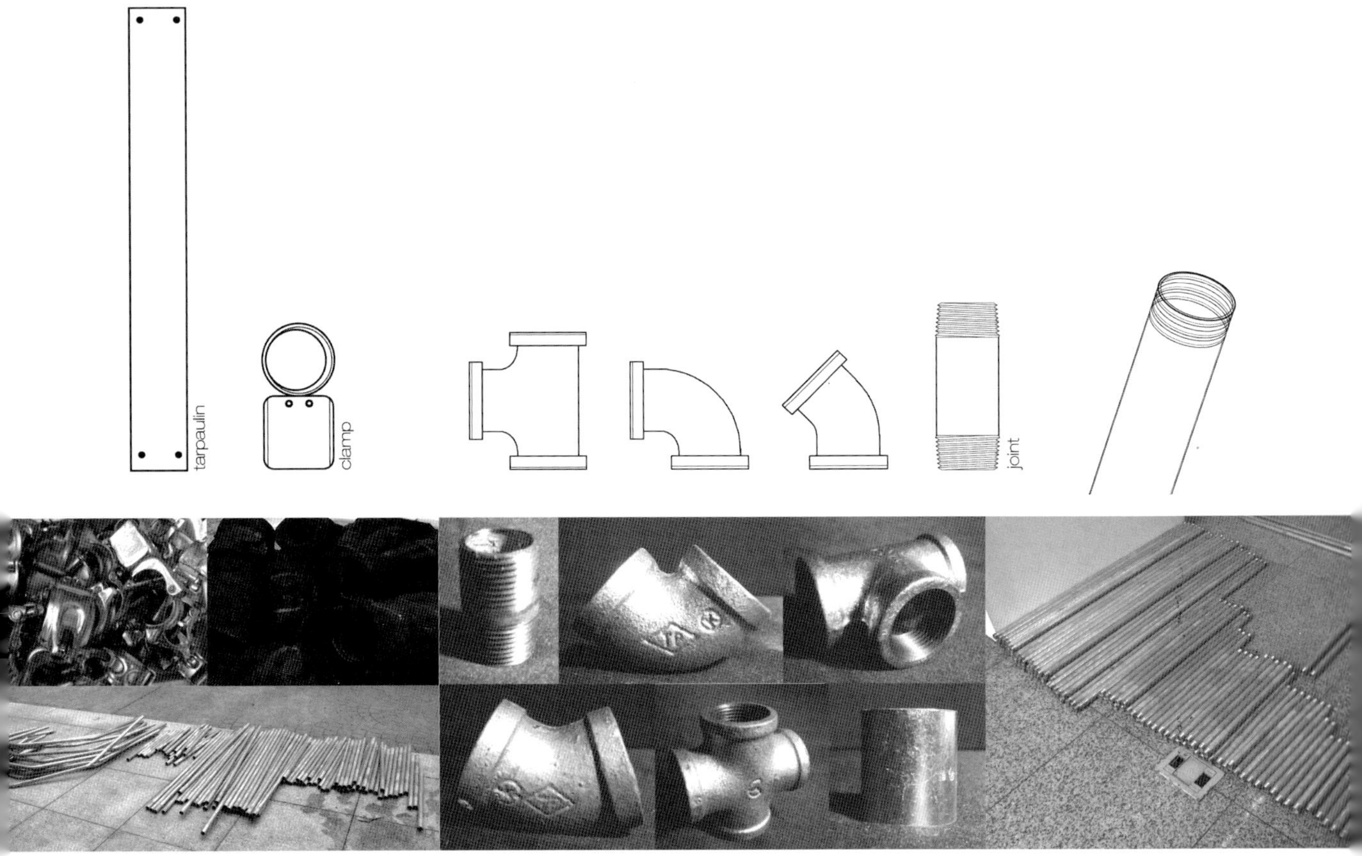

<Fig 66/67> Salvaged steel pipe and fittings. Pipe configurations for flexible public accommodations.
재사용된 강관과 이음쇠. 파이프는 공공시설배치에 융통성있게 배열했다.

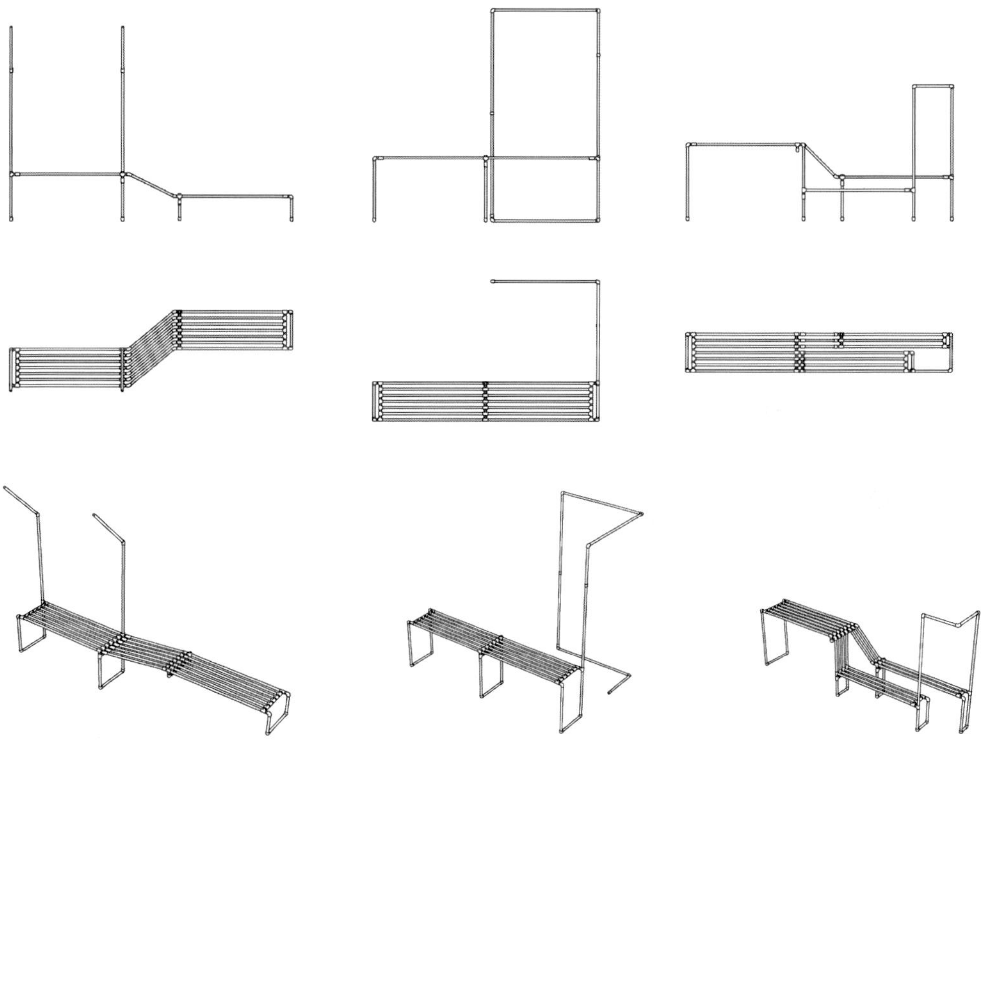

<Fig 68/69> Salvaging operations and dimensional considerations.
재활용 자재의 활용과 수치적 고려사항들

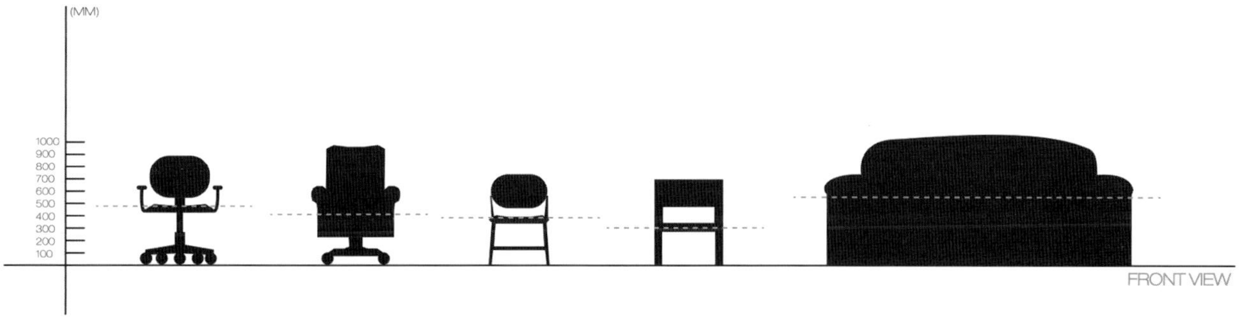
(MM)
1000
900
800
700
600
500
400
300
200
100
FRONT VIEW

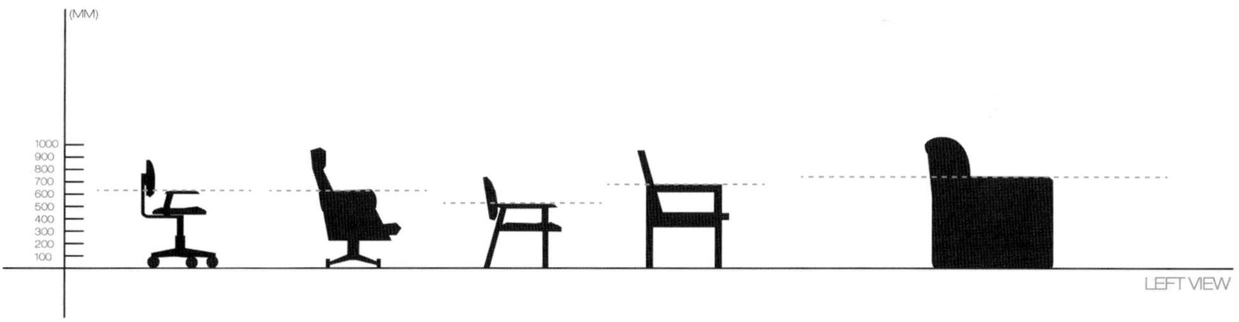
(MM)
1000
900
800
700
600
500
400
300
200
100
LEFT VIEW

<Fig 70/71> Steel details and public arrangements.
강철의 세부사항과 공공적 배치

<Fig.72> Components promote changeable options for the containment of public space. Surface and seating are open to interpretive use.
구성물들은 공공장소의 물리적 제한에 따른 선택적 변경이 가능하다. 외관과 좌석은 사용은 자유롭게 해석될 수 있다.

서울의 주거: 도시의 둥지

주거는 서울의 변화에 있어 신호가 된다. 그 표면이 가진 가치는, 유명한 주거 유형들에서 볼 수 있듯이, 시간이 지남에 따라 사회적, 경제적 구조에서 이룩한 발전이 선명해진다. 오늘날 전국적으로 대중화 된 아파트 문화가 대한민국 어디를 가든 생산중심적인 사회를 대변한다. 과거로부터 성공적이었던 주거유형은 국내의 선호도에 따라 큰 움직임들을 보인다. 이것은 주저없이 도시변화를 주도한다.

주택공급의 타이폴로지는 국내의 최근 100년 역사를 나타내준다. 빼곡히 들어앉아있던 도심의 한옥들은 서울의 현대화 물살에 밀려 외래의20세기 고층빌라에게 자리를 내주었다. 조선 주거 협회 가 주도해 지어진 표준화된 주택들은 산업화 시대를 맞아 한국전쟁 이후 부족한 주택을 해결하기 위해 대량 생산되었다. 그들은 말 그대로 공장지대의 노동자계급에게 배급하기 위해 건설된, 폭발하는 서울 산업 성장의 상징이었다. 1960년대에 이르러서는 도시의 인구가 폭발적으로 늘어난 탓에 주택 수요에 대한 다급성이 일었다. 이는 서울에 만연한 고층 아파트의 불길을 점화시키는 역할을 하였다. 새롭게 시공될 때마다 서울의 물리적인 형태에 대해 극적인 변화를 일으키면서 말이다.

Housing Seoul: Urban NEST(ing)

Housing is the beacon of change in Seoul. It's face-value visibility through time has exhibited coordinated advancements in economics and society, evident through prominent housing typologies. Throughout South Korea today, this is apparent as apartment culture demonstrates a cross-sectional case study within a productively intense society. Successive past generations in housing types also suggest mass movements in domestic preference, having paved the way to wide-spread urban form transformations.

Housing typologies of the last one hundred years reveal stages of domestic change. Compactly arranged urban hanok, predating Seoul's modern push, gave way to early 20th century multi-level villas of foreign resident influence[21]. Standardized housing, constructed by the Chosun Housing Corporation[22] was mass produced to satisfy shortages of homes during the industrializing years after the Korean War. These were a symbol of Seoul's exploding industrial growth, literally as supplemental housing for workers within factory districts. By the 1960's, massive escalations in the cities population prompted a need for more housing, igniting the pervasive high rise apartment boom. Each typological shift, in time, having demonstrated dramatic adjustments in the cities physical form.

21. SDI/ Seoul Development Institute
22. SDI/ Seoul Development Instutite

MIGRATION OF HOUSEHOLDS AROUND SEOUL

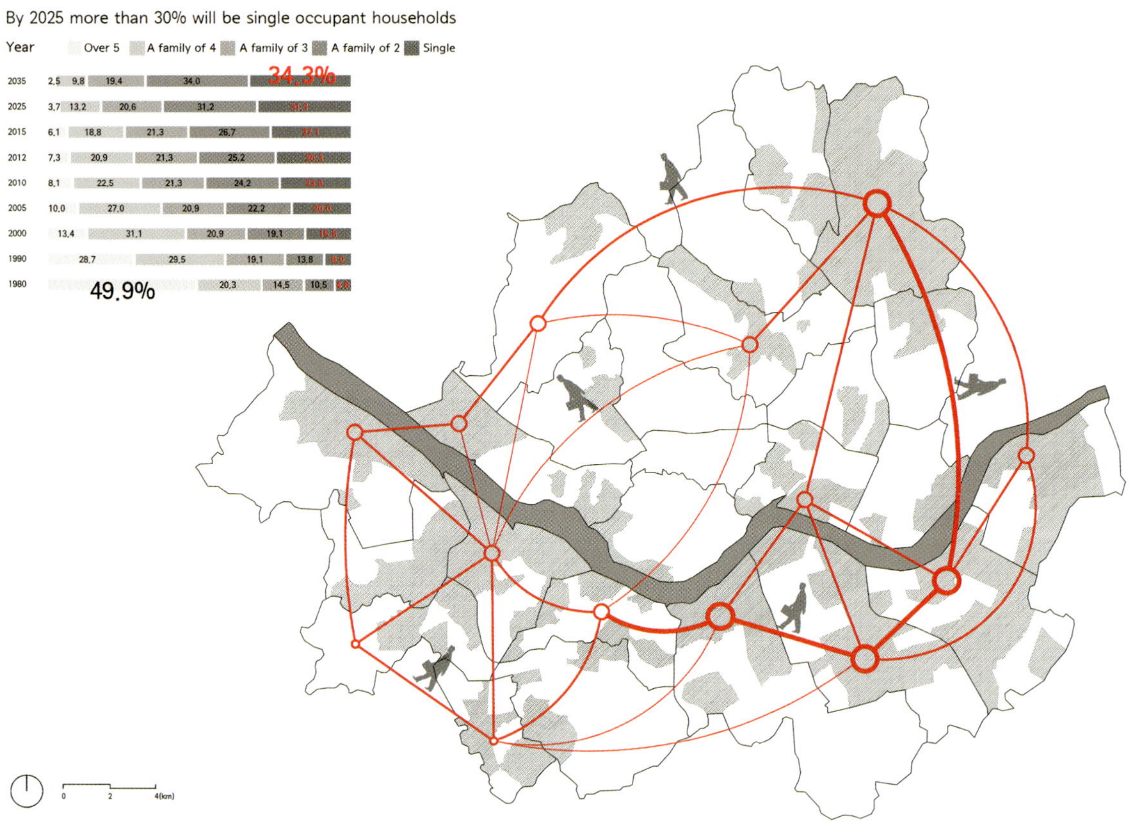

<Fig 73> The next generation of housing will be driven by increasingly mobile and smaller households in Seoul.
서울의 다음 세대 주택은 급격하게 유동적이고 좀 더 작은 가정에 의해 추진되어질 것이다.

The abandonment of centuries old vernacular construction methods in favor of national efforts to house and modernize a burgeoning population, could not have been more apparent after the Korean War. The results have substantially altered the face of Seoul over the past 60 years especially and now to the point of erasing the cities historical and geographically inherent conditions. Seoul has evolved from a past desire to construct with the cities 'nature' in mind and the patterns inherent in the regions geographic disposition.

Housing demands have changed with rising and more affluent populations. Newly established residential enclaves appear to be the objects of popular demand today. Still, there is a new chapter on the horizon as once multi-generational households demanding larger dwelling spaces are becoming a thing of the past. Smaller families and declining population growth are driving a need for smaller living spaces. Seoul's modern day nomads in search of economic growth and job security raise questions regarding the types of domestic accommodations that the city will bear in the future. Stability, in a sense, is being replaced with temporary need. With more families residing outside of the parental household and with fewer children, the demand for smaller apartment types may very well be the next residential typological transition for Seoul. And perhaps, we can anticipate once again, altering the dominant and domesticated face of the nations city.

아파트를 선택하고, 기본적인 옛날의 건축공법을 버린 것은 계속해서 자라나는 인구에게 살 곳을 제공하고자하는 나라 전체의 노력이었다. 이 현상은 한국전쟁 이후에 매우 도드라지게 나타났다. 그에 대한 결과로서 서울의 얼굴은 지난 60년동안 특이하게 변화시켜왔고, 도시의 역사적/지형적인 특수성을 지워나가는 지경에 이르렀다. 서울은 이제 도시의 '특성' 을 염두에 두고 건설하는 국가적인 열망, 다시 말해 지역의 어떠한 지역적인 기질에 따라 존재하는 어떠한 패턴들을 목격하고 있다.

더욱 더 부유해지고 증가된 인구로 인해 주택에 대한 수요는 달라졌다. 다세대 거주유형이 필요로 했던 넓은 상주공간들이 더 이상 필요없게 되자 새로운 주거에 대한 필요성들이 지평선 너머 떠오르고 있다. 새롭게 설정된 소수의 주거유형들이 오늘날 다수의 필요이다. 작아진 규모의 가정과 점점 더디어져 가는 인구성장은 더 작은 삶의 터전의 필요를 불러일으키고 있다. 현대적인 서울에는 경제적 성장과 안정된 직업을 찾아온 젊은세대의 유목민이 존재한다. 이러한 유목민을 염두에 둔채 디자인된 다양한 거주형태에 대한 건축적 대안이 우리의 사회에 있을까? 또한, 더욱 더 많은 가정들이 더욱 더 적은 아이들을 낳고 그들의 부모세대의 가정에서 벗어나 살게 되는 핵가족 형태의 현실은, 이전보다 더 작은 아파트의 타이폴로지들을 요구한다. 어쩌면 우리는 도시를 뒤덮은 압도적인 무표정들을 바꾸는 것에 대해서 기대할 수 있을 것이다.

기계로써 주거하는 것: 아파트

한국의 가장 대중적인 주거유형을 비교할 때 현대 건축과 오늘날 탈 산업화 시대 사이에서의 르 꼬르뷔지에의 비유는 가장 보편적인 논쟁점중의 하나다. 이러한 비유는 끊이지 않는 이유들로 학자들과 전문가들 사이에서 엄청난 의견충돌의 중점이었다. 그러한 이론들이 대한민국의 아파트 문화를 형성하는데 전혀 기반이 되지 않았을지라도, 그러한 논쟁들과 아파트의 양상에 대한 유사성은 확연해보인다.

반대로, 기계를 역설적인 모티브로 생각한 레비우스 우즈는 생계를 위한 기계와 우리에게 친숙한 환경을 깨끗이 청소해주는 기계에 대한 충돌되는 필요들에 주목한다. 주기적인 대형 버스들 사이에 갇힌 탈산업화의 소외되고 오염된 공간들은, 역설적이게도 산업적인 과정 그 자체로부터 발생되었다. 산업적인 분야에서의 기계들은 해로울 수 있겠으나 또한 동시에 사회로 완벽하게 진입하는데 성공했고, 레비우스가 주장하는대로 그들과 우리의 파트너쉽은 일체의 경계선 없이 불가분해보인다. 레비우스는 "삶을 위한 기계" 에서 극단적으로 서술하기를, '어두운' 예시가 산업화의 영향력과 원인을 재배치하기 위한 이유가 될 수 있다고 하였다. 필요성에 따라 우리는 '재활용' 을 '선택이 아닌 필수' 로 인식한다. 이 회귀는 우리가 동시대의 생활방식에 필요하다고 생각했던 것을 되돌리기 위해 마주해야 하는 어쩌면 더 힘든 과정이 될 수 도 있다.

기계화의 또 다른 해석으로는, 아파트 종류가 이제는 집단적으로 형성되어 급격하게 '소모' 되고 곧 새로운 버전으로 재 건설된다는 것이다. 서울에서의 주거는 사회적 위치를 나타내는 궁극적인 소모품에 불과하다. 서울과 대한민국은 기계적 요소들과 대량생산된 아파트들을 사회적인 진보로써 받아들였다. 아파트들은 규모가 커졌고 한반도 내의 도심과 주변부들에 고루 퍼진 덕분에 지역에 상관없는 휘둘리지 않는 견고한 네트워크를 형성하였다. 예를 들어, 아파트 생활을 보조하는 상업적인 장소들은, 균질화된 도시 시스템으로써 사실은 아파트 기계가 자라난 연장선들이다. 동종의 주택들을 공급하는 수량이 늘어남과 동시에 그들은 삶의 방식에 긴밀하게 스며들어있다. 움직이는 단체들, 수송하는 엘리베이터들, 그리고 배달하는 서비스들은 수직적 이동과 편리함, 그리고 사회적인 상승을 상징하게 된 이러한 삶의 방식이 가능하게 된 데 기여한 것들의 몇가지일 뿐이다.

우리는 이제 '일반성' 의 정의를 새롭게 쓰며 새삼스레 아파트 생활의 인위성을 경험하고 있다. 개개인 뿐만 아니라 가정들 또한 부동산의 그물망 위를 움직이며 아파트를 색출해내는데 심혈을 기울인다. 이러한 관점에서, 주거를 위한 중.장기 투자와 헌신은 옛 이야기가 되어버렸다. 최신 전자기기에 열광하는 사람들처럼, 사람들은 아파트 또한, 신선해 보이는 '최신의 것' 에 열광하게 되었다. 더 나아가서는, 하락하는 경제, 가파르게 상승하는 월세, 그리고 높아져만 가는 보증금은 세들어 사는 공간들로 하여금 더욱 더 빠르게 순환하도록 했다. 어떤 가정들은 그들이 갈망했던 아파트의 시스템에 진입하지 못한채 몇년을 주기로 이사를 다닌다. 아파트 단지들은, 그에 대한 결과로써, 이상적인 거주지에 있어 대립되는 개념임에도 불구하고, 이별과 고립의 공간이 되어버렸다. 어쩌면 많은 사람들에게 이 양상은, 가정의 지지와 따스한 품으로 하여금 고민이 되지 않거나, 고민이 될지라도 크게 마음에 부담이 되지 않을지 모른다. 그러나 늘어나는 1인 가구들의 미래에 있어, 이 상황은 어떠한 모습을 예견하고 있는 것일까?

Housing as MACHINE: The Apartment

"Mass production is based on analysis and experiment. Industry on a grand scale must occupy itself with building and establish the elements of a house on a mass-production basis.
We must create the mass production spirit.
The spirit of constructing mass-production houses.
The spirit of conceiving mass production houses."
Le Corbusier, Towards a New Architecture

The analogy between Le Corbusier's housing for a modern age and today's post-industrial time has been contentiously argued against when comparing the Korean apartment type. In fact, such analogies have raised striking disagreement, for one reason or another, amongst scholars and professionals in South Korea. However, the likeness remains evident, even if such theories were never at the root of establishing Korea's apartment culture. It has become a true machine for living in a sense, demonstrated in its pervasive urban takeover.

In contrast, considering the 'machine' as paradoxical model, Lebbeus Woods conjectures upon "*Machines* for Living" and our conflicting needs in machines for cleansing the distressed aspects of our domestic environments. Contaminated and marginal post-industrial places, now caught in cyclical juggernauts, ironically enough, having been caused by industrial processes themselves. Machines of the industrial kind while harmful as they might be, have completely worked their way into society, as Lebbeus elaborates, and our partnership with them appears seamlessly inextricable. In the extreme case of Lebbeus' "Machines for Living", its "dark" example presents ideas for critically rethinking industrial cause and effect. By necessity we face "recycling" as "not an option but a necessity."[23] This redux is another perhaps more challenging task, as we seek to undo what has been deemed necessary in contemporary lifestyles.

As another interpretation of mechanism, the apartment type, is now cast en masse literally, rapidly 'consumed' and then rebuilt for newer versions. Housing in Seoul is the ultimate in consumer product for social status. Seoul and South Korea, have embraced the mechanics of mass produced apartment housing as a body of social progress. The APT (apartment for short) has grown in size and complexity as an impervious network, having spread across urban and rural areas. By example, the commercial support in place that sustain apartment life, as systems, are in fact extensions of what the apartment machine has become. It is infused within the grain of an increasingly homogeneous housing supply and way of life. Moving organizations, conveyance lifts, and delivery services are just a few options that have come to establish upward mobility, deeply connected as tissues of modern lifestyles; delivering convenience and social promotion.

Today we witness the apparatus of apartment life, establishing an expected momentary place for domestic accommodations. Families as well as individuals now move through real estate networks with deft navigation in apartment speculation. In this regard, longterm investments and commitments are conditions of the past. Apartments, like the newest electronic gadgets, are desired for the latest in innovative offering. Further, economics, rising rents and deposit 'key money' have propelled higher frequencies of renter relocations. With some families being forced to move every couple of years as costs escalate and economic futility denies buying into the coveted apartment system. Apartments complexes, as a result of high residential turn-over, are places of detachment and isolation even with very high density unit counts. Perhaps for many, this is not seen as problematic, as life turns inward within the supporting nest of family domestication. On the other hand, what does this hold for the increasing number of independently solo residents?

23. Lebbeus Woods online

<Fig 74> Banpo apartments await redevelopment.
재개발을 기다리는 반포 아파트들

The revolving and evolving conditions of apartment life within rigid cast-in-place concrete shells are somewhat contradictory. The modern Seoul apartment leaves little if any chance for spatial alteration or renovated change, outside of interior cosmetic alterations. The nature in materiality of both concrete interiors and exteriors, has in effect produced residences which are expectantly temporary to a larger extent. The aging apartment, has come to represent a finite existence and the promise of demolition followed by next generation, ground-up reconstruction.

The apartment machine moves along with little reverence for the nuances of extended context and place. Significance now resides in branding, by the very name behind private construction outfits and what is unequivocally stamped on the outside of apartment buildings. One has only to visit some of the newest apartment developments in the Gangnam area of southern Seoul, to experience the exclusiveness of apartment place making in the city. The latest of brands, now consuming vast areas of urban terrain, replete with self-contained amenity and resident only commercial services. These are the new urban islands within Seoul's dense sea of fluid arrangements.

아파트들의 수요가 진화해갈수록 그의 외피인 현장콘크리트들이 수용하는 역할은 한곳에 머물러 있는 다소 모순되는 경향이 있다. 현대 서울의 아파트는 공간적인 변형이나 개조의 여지를 거의 남기지 않는다. 값 싼 공사 기법의 직접적인 요소 중 하나로 건물 외부와 내부 모두가 반영구적인 콘크리트로 이루어져 있는 아파트는, 또 다른 측면에서는 더욱 더 일시적인 거주민을 양성해냈다. 아파트가 노후한다는 것은, 피할 수 없는 종말과 그로 인한 파괴, 그리고 다음 세대의 새로운 지평을 여는 재건설을 의미하는 것이 되었다.

아파트에 대한 선호도는 내용물이나 장소의 확장에 대한 이해 없이 움직인다. 그들은 의심의 여지 없이 공사장 천막과 아파트 외피에 찍힌 아파트들의 이름, 즉, 브랜드에 따라 움직이게 된지 오래다. 도시 내 아파트의 자리 만들기의 유일성을 엿보려면 강남 지역에 위치한 신생 아파트 공사지역에 가는 것 만으로 충분하다. 이제 도시 지형의 막대한 비율을 차지하는 최근의 브랜드들은, 스스로 모든 것을 제공하며 상업적인 서비스만을 내포하고 있다. 그들은 서울, 거주지 이동의 고밀도 해류 속 새로 생긴 도심의 외딴 섬과도 같다.

도심 둥지(틀기)

절대적인 존재인 아파트가 환경의 문맥과 함께 상호작용할 수 있을까? 도심 둥지(틀기)는 우리가 더 큰 도시환경 내에서의 보호와 상호교환 사이에서 내용상의 반응을 통합할 방법을 찾는 주거 제의이다. 우리는 낡은 아파트를 적용적으로 재사용하며, 더 큰 서울의 환경에 원거리의 주민들을 연결시켜 거주지의 이론적인 기반을 새롭게 기획하는 것에 주목했다.

우리는 두가지의 압박적인 사안에 집중했다. 첫번째로, 거주에 대한 필요가 더욱 더 많은 숫자의 독신 거주자들로 옮겨져가고 있다는 것이다. 이러한 인구도표의 변화는 새로운 형태의 사회적인 이민을 불러일으킨다. 많은 서울시민들은 교육적인 문제로 직업을 옮기는데 굉장히 신속하며 더 대가족을 먹여살리는데 대해서는 걱정하지 않는다. 이것은 이 고밀도의 도심환경속에서 고립되어있는 라이프스타일들이 절대적으로 많아졌다는 것을 이야기하기도 한다. 우리의 제안은 더 작아진 거주단위를 주장하면서도 외부 환경으로의 개방을 더 쉽게 하고자 했다는 것이다. 한강이 가까이에 있다는 것과 그 생태계가 인간과 자연 상호작용에 이상적이라는것, 그리고 그에 따라 필요한 사회적, 그리고 정신적인 생명력을 건강하게 유지시켜주는 것이 이상적이라는 이론에 기반해있다.

두 번째 우선순위는 아파트 단지의 공공의 건물기초를 철새들을 위한 둥지 트는 황무지로 생각하는 것이다. 서울을 가로지르는 한강 '복도' 는 철새인 가금새에게 중국과 일본의 대장정 사이의 아주 중요한 중간 정류지이다.

많은 존재하는 아파트 발전들은 25년도 전에 건설되었으며, 그들은 현재 주차공간과 노후되는 공공 공간들로 감당하지 못할 것도로 넘쳐나고 있다. 이와 같은 너무도 가치있는 공공 공간들을 재구성한다는 것은 환경적 조화를 위한 좋은 기회를 제공한다. 우리는 더이상 이용되지 않는 공공 공간들과 주차공간들을 철새들로 하여금 알을 품는 습지공원으로 탈바꿈할 것으로 제안한다. 고가도보는 대중을 위해 흥미로운 시야를 확보하는 동시에 민감한 생태와 대중의 상호교환 가운데 균형 있는 분리를 실현시킨다.

건축적으로, 더 낮은 층의 기존의 아파트들은 외부 콘크리트 벽들을 다시 움직이는 것으로 하여금 공간적으로 개방되어졌다. 이는 더욱더 유연한 공공 프로그램의 계획을 가능하게 하며, 외부 '공원' 과 '습지' 의 제안을 적용시킨 알을 품는 생태지 까지 가능케 한다. 압축되어있던 수직적인 자동차용 엘리베이터들은 기존의 계단탑들을 지하공간까지 확장시키는 것으로 대체되었다. 이 지하공간들은 동지대에 있는 예민한 습지대들을 원만하게 피한다. 기존의 지하 5층까지 있던 건물은 인간과 조류의 필요를 위해 실용적인 기초가 되어 '캐노피' 처럼 줄지어있는 주거 '둥지' 들을 받쳐주게 된다.

이러한 적용된 구조물들은 상부 케노피와 기초구조물들은 빗물을 받고, 보관하고, 다시 충전하는, 활용할 수 있는 필터링 시스템으로 작용한다. 물은 사람들간의, 사람과 생명간의, 그리고 사람과 물간의 관계가 그러하듯이 수직적으로 가시화되어 분류된다. Urban NEST(ing)은 확장적인 아파트 개발을 도시의 한 생태시스템으로 재해석하고, 이미 존재하고 있는 건축물과 그 주변환경에 대한 대응물로서 해결방안을 찾기를 원했다.

Urban NEST(ing)

Can the omnipotent apartment in Seoul be made responsive in context? Urban Nest(ing) is a housing proposition that seeks to question how we might integrate contextual response for large scale residential developments as a means of conservation and connection within the greater urban environment. The project considers the relevance of adaptively reusing aging apartment buildings as theoretical foundations for newly planned habitat; place that connects increasingly mobile residents to the greater Seoul environment.

Urban Nest(ing) focuses on two pressing issues. First, shifting residential needs for increasing numbers of single apartment dwellers. This demographic change has instigated burgeoning social migrations. Many Seoul residents are increasingly quick to relocate for job or education reasons without the immediate concerns of a larger family to support. This has resulted in increasingly isolated lifestyles amongst high-density urban inhabitants. The proposal contends that smaller residential units with ease of connection to the outdoor environment is paramount in lessoning such isolation. In recognizing the nearby Han River and its ecosystem as ideal for human and natural interactions, and subsequently providing necessary social and psychological sustenance through these connections.

The second priority imagines public grounds and common spaces of the apartment complex reclaimed as nesting wetlands for migrating aviary populations. The Han River corridor through Seoul is an important stop-over for migrating fowl, with seasonal journeys between mainland China and the climatically warmer Japanese archipelago to the south of the Korean peninsula.

Many existing apartments, having been constructed more than 25 years ago, are inundated with surface parking areas and neglected public commons areas. The reclamation of such valuable public amenity provides opportunity for environmental integration. The project converts underutilized public commons and surface parking areas to nesting habitat and wetlands. Elevated walkways establish recreational viewing areas for public use, while maintaing a balanced separation between sensitive habitat and public interaction.

The lower floors of existing apartments are spatially opened by removing select exterior concrete walls. This allows for flexible programming, outdoor 'park' and nesting habitat, within the overall integration of proposed ground surface wetland. Compact vertical parking lifts have been inserted into existing stair towers extending to below grade parking areas that by-pass the sensitive wetlands at grade. The existing five story base is then converted into a utilitarian foundation, supporting a 'canopy' of residential 'nests' above for human and aviary populations.

The adapted structures comprising a combined upper canopy and foundational base, capture, contain and recharge rainwater, as a demonstrable filtration system. Water is channeled visibly as an everyday reminder in our fundamental need and relation to it. Urban NEST(ing) imagines the expansive apartment development as part an urban ecological system, contextual in it's in-situ response.

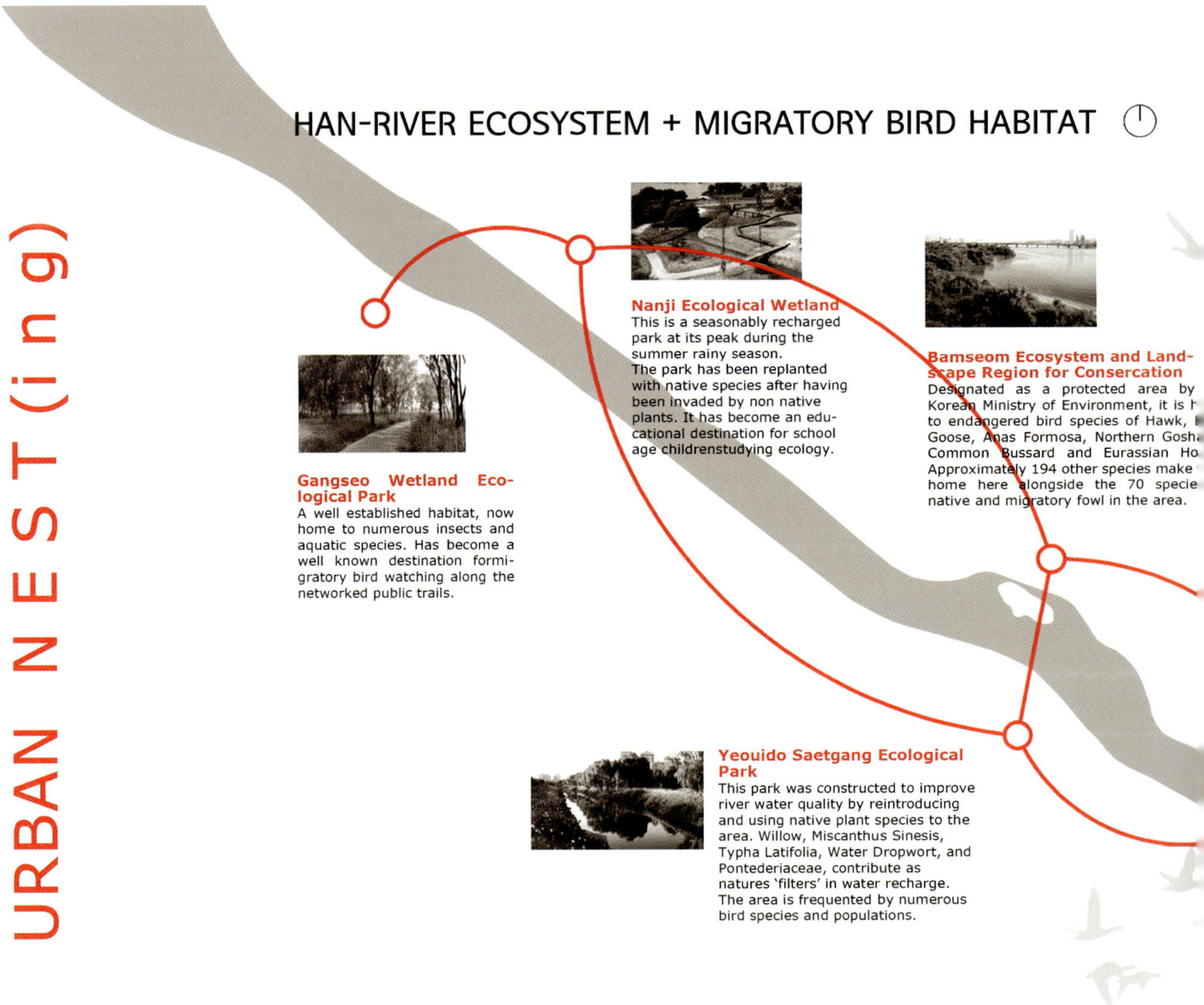

<Fig 75> The Han River corridor is home to more than apartment dwellers.
도시의 강 줄기는 아파트 거주인 보다 더 많은 삶의 서식지이다

Amsa Ecological Park

This area has been uncovered and restored to its natural waterfront condition, prior to being covered with concrete water controlembankments. Native reeds and Miscanthus Sinesis are home to migratory water fowl and other native bird populations. The ecological park is also a designated point for ecological primary school education and has a public observatory for migratory bird watching.

Godeok Ecosystem and Landscape Conservation Region

A natural shore protection area of the highest guarded level along the river ensures undisturbed habitat status. The area is off limits to civilian populations and allows only limited military access.

Godeok Restored Eco-Park

Plays an important 'back marsh' ecosystem role within the Han River system. The local ecology has been restored by plantingnative trees and grasses. A migratory bird observatory was built for public access.

Amsa-dong Ecological Park and LandscapeConservation Region

Shore protection through natural river sediment build-up has established this recovered natural ecosystem. Nationally protected are Sparrow Hawks and Kestral, both of which reside in the wide reed beds at waterside.

Jamsil Fish Way

There are 31 fish species and 2 kinds of crustacea found in the Jamsil aquatic area. A public observatory has been designated along with an ecological underwater viewing area to see local fish populations.

PT SITE

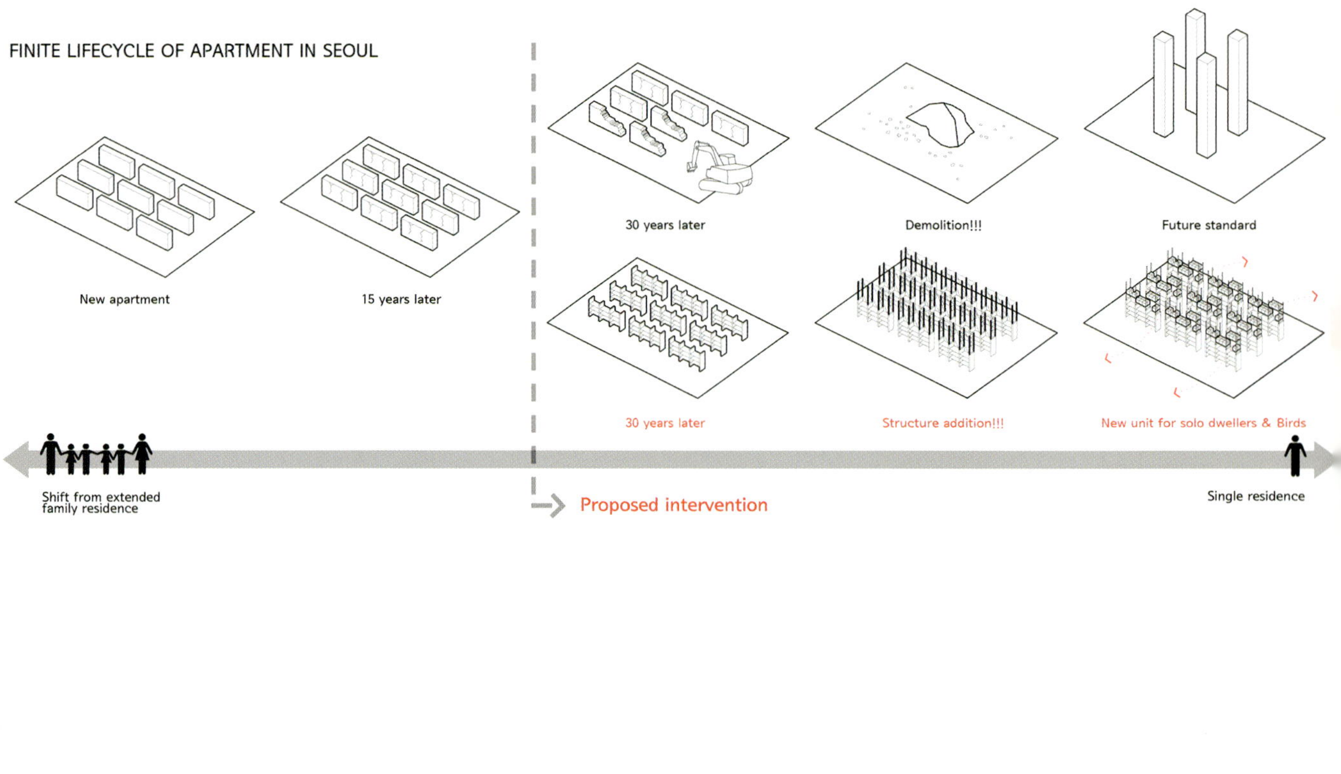

<Fig 76/77> Strategies for rethinking existing apartment developments; renewed structures with integral implications.
현존하는 아파트 개발을 재고하기 위한 전략, 그 결과는 통합적 영향들을 재조명한 구조체들이다.

SITE PLAN

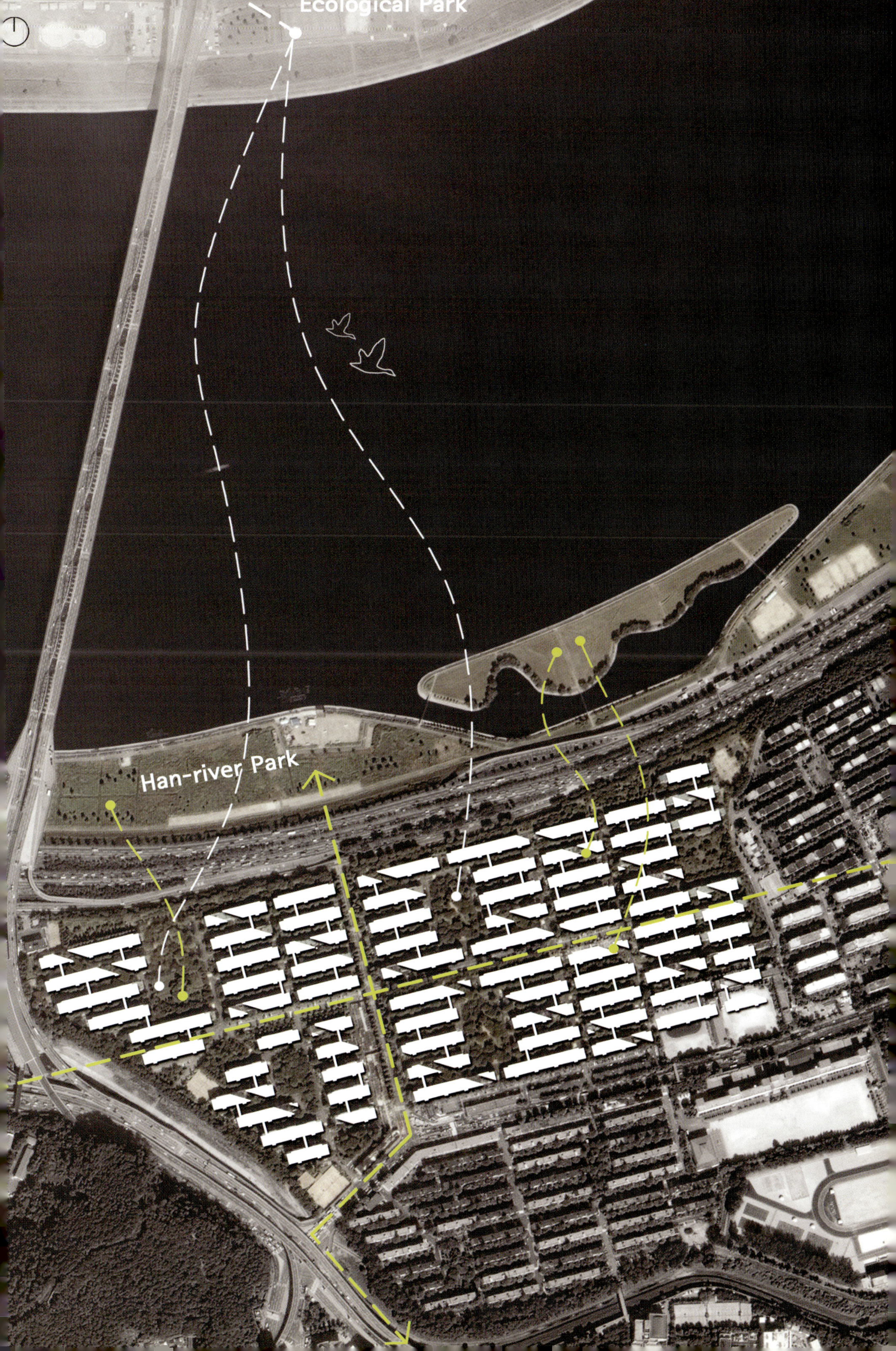

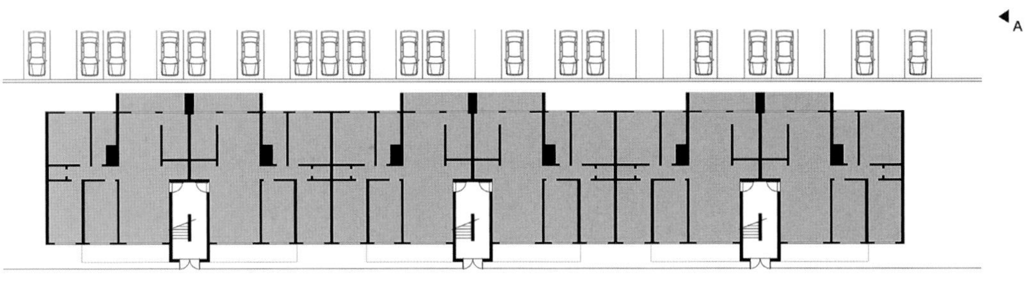

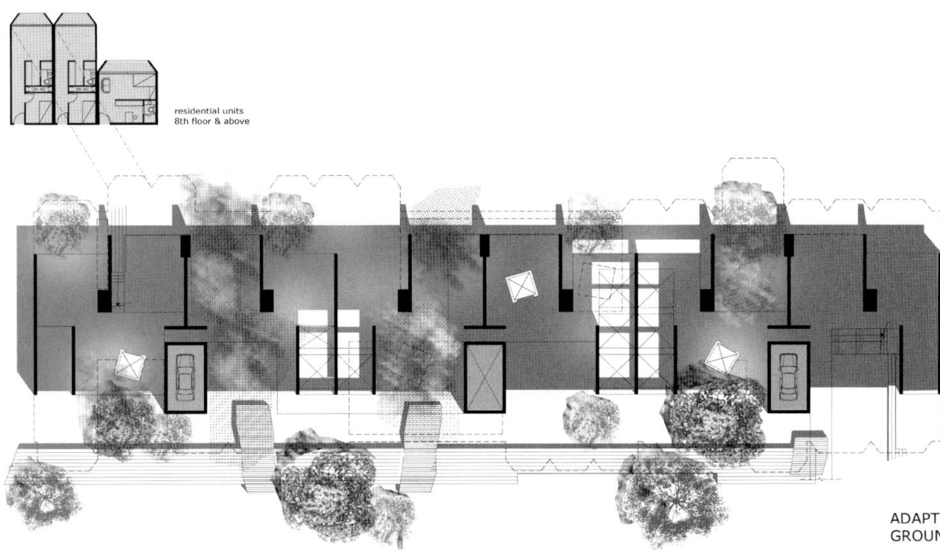

<Fig 78/79/80> Plans for in-situ adaptation, proposing new river wetlands for nesting fowl. Domestic dwellings perched high for Seoul's migratory residents.
원상태로의 적응 계획, 새 둥지를 위한 새로운 한강 습지를 제안.

STRUCTURE + PROGRAM DISTRIBUTION

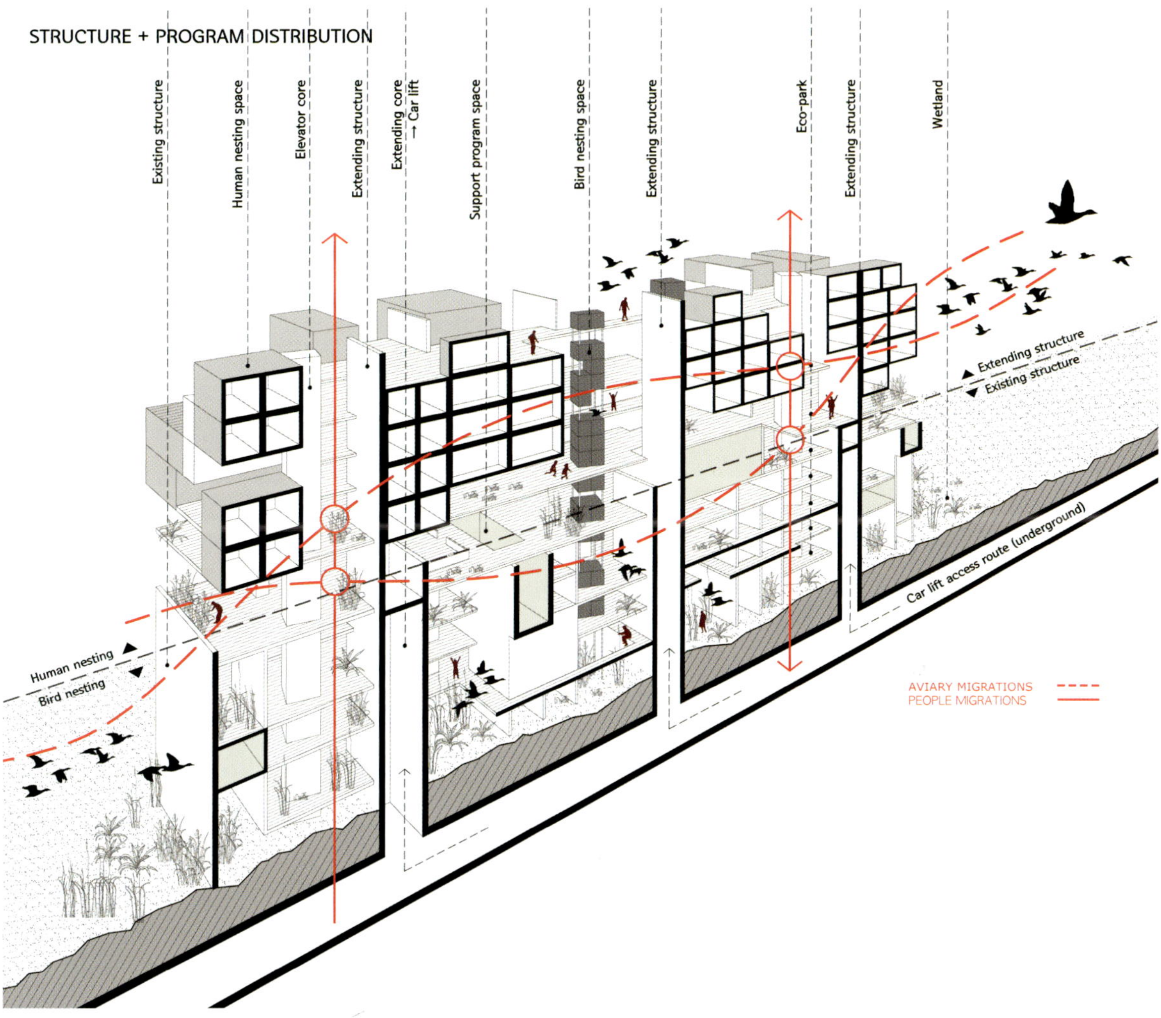

<Fig 81/82> Water resources are architecturally evident as substantially part of domestic life cycles.
수자원은 건축적으로 국내 생활 주기의 상당한 부분임이 명백하다

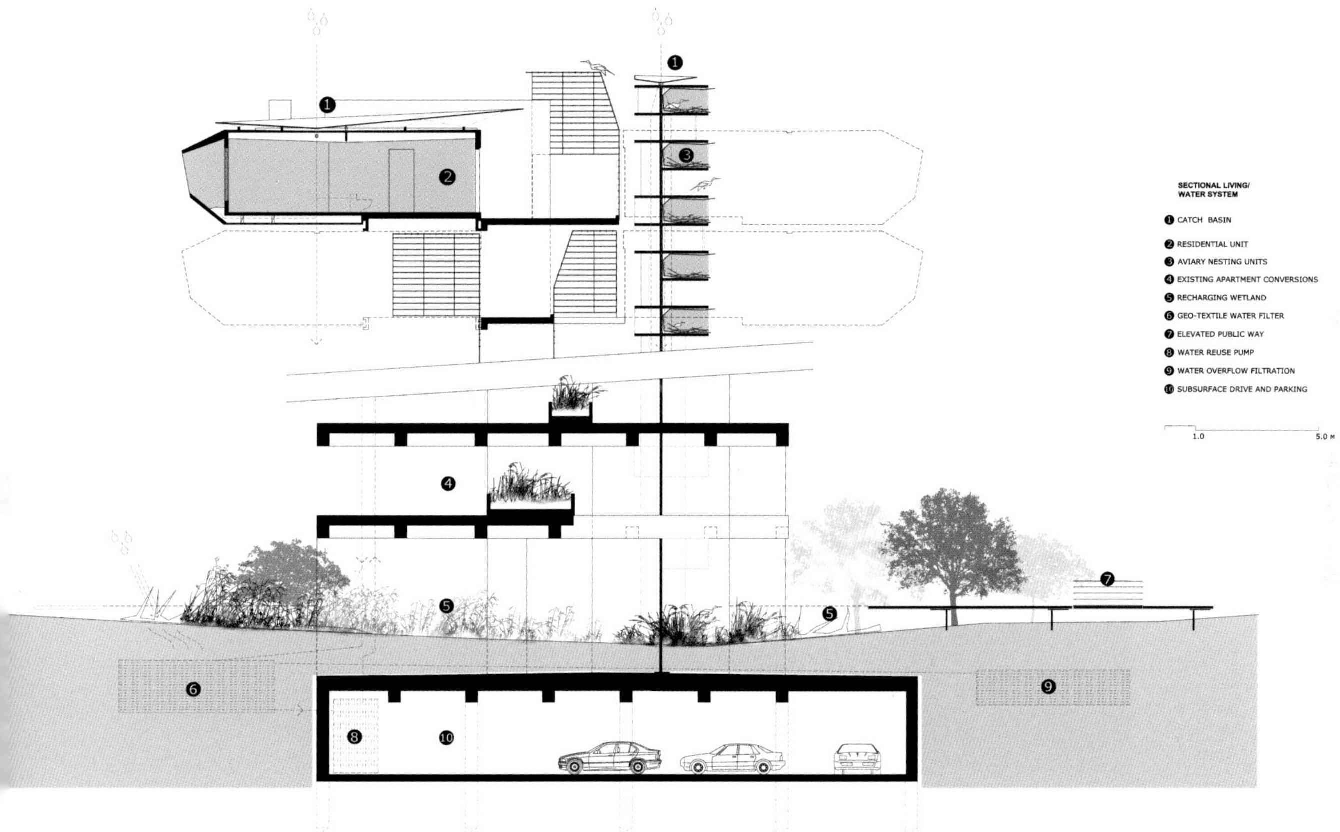
SECTIONAL LIVING/
WATER SYSTEM
1 CATCH BASIN
2 RESIDENTIAL UNIT
3 AVIARY NESTING UNITS
4 EXISTING APARTMENT CONVERSIONS
5 RECHARGING WETLAND
6 GEO-TEXTILE WATER FILTER
7 ELEVATED PUBLIC WAY
8 WATER REUSE PUMP
9 WATER OVERFLOW FILTRATION
10 SUBSURFACE DRIVE AND PARKING
1.0
5.0 M

<Fig 83> Wetland and domestic adaptations.
주택 둥지들

에필로그

창의적인 시험에 있어 어떻게 우리가 디자인한 환경의 변수들을 생각하는지가 가장 중요하다. 아이디어들은 의도되지 않은 행위로 인해 시험되고 아이디어의 결과는 그 안에 거주하고 상호교환하게 될 존재들로 인해서 측정되게 된다. 우리는 고정화되고 전통적인 방식의 교육과 실무 스튜디오에 반대되는 활동이 이것을 성취하기 위한 방법의 시작이라는 점을 확실히 볼 수 있었다. 환경디자인의 전문가와 학생들로써 우리는 서울과 가능성 있는 곳의 기회들을 잡음으로 탈산업화의 재빠른 움직임 가운데 흥미로운 움직임들이 천천히 일어나는 것을 볼 수 있었다. 이것은 도시의 틈 사이를 신중하게 끼워맞추는 작업이다. 도시공간의 '틈새' 에 조심스럽게 내려앉은 아주 작은 것들은, 우리의 예측대로 도시의 움직임에 관여하였다. 그럼에도 불구하고, 적응은, 우리가 이곳에 있는 것이 무엇인지를 새로 고민하고, 그것을 재사용하는 것이 시급해지면서 보다 더 영리한 선택사항들이 되어가고 있다.

산업 그 자체는 서울의 도시생활 가운데 깊이 배어들었으나 이제는 시들어가고 있다. 논쟁 가운데 있는 산업은 서울의 도시 개혁 그 다음 장을 위해 사라져갈 마지막 단어로 이야기되고 있다. 거대 도시 지역의 거침없는 탈 산업화는 두 상황 사이에 낀 부유하는 환경을 드러내 보였다-그 공간들은 산업적인 기능도 사라져 버린 지 오래였고, 그렇다고 새로 건설된 시작점도 아니었다. 그에 따라, 서울의 현대화된 기반과 역사의 실마리를 포용하고 그에 반응할 수 있는 특별하고도 때로는 갈등이 있는 기회가 우리 앞에 놓이게 되었다. 이제 질문은 그 다음 것으로 옮겨진다; 우리는 어느 선까지 함께 일해야 하며 어느 선부터 지워나가야 하는가?

EPILOGUE

Creative testing is paramount in how we consider variables in our designed environment. Ideas are evaluated via bold action and measured by those who will live and interact amongst realized outcomes. We can speculate that the means to achieving this begin with engaging inquisition as opposed to static and traditional methods of academic and professional studios. As environmental design professionals and students we seize chance at opportunistic moments in time and today in Seoul, with post-industrial change at hand, there is an interesting slower movement taking shape. One that is carefully fitting into the 'gaps' of urban society, with design adaptations in response to the unpredictable productions of a city in motion. Significantly though, adaptations are becoming intelligent options as reuse and reconsideration of what is here becomes urgently relevant.

Industry is curiously engrained in Seoul urban life. In contention, industry may now be on the cusp of next chapters in Seoul's evolution. An inevitable post-industrial shift, within the mega-urban region, has revealed conditions frozen in precarious in-between states; neither that solely of industry, nor of reconstituted beginnings. So, herein lies an important opportunity to embrace and respond to historical threads and the modernizing foundations of what Seoul is. The question then becomes to what extent do we work with it or erase it?

REFERENCE Bibliography and Notes

1 Kisuk Lee (essay)
Seoul, 20th Century Growth and Change of the Last 100 Years
Seoul Development Institute (SDI), 2003, pp. 23-45

2 Ellen Dunham-Jones (essay)
The Irrational Exuberance of Rem Koolhaus
http://places.designobserver.com/feature/rem-koolhaas-irrational-exuber-ance/37767/ 2013

3 HA Un Rii, Jae Sub-Ahn
Urbanization and Its impact on Seoul, South Korea
The Seoul Master Urban Planning Towards 2011, Seoul Metropolitan Government

4 Kwang J. Kim
The Study of Urban Form in South Korea
Journal of URBAN MORPHOLOGY, Vol. 16.2 p.6.

5 Hae Un Rii, Sub-Ahn Jae
Urbanization and Its impact on Seoul, South Korea
The Seoul Master Urban Planning Towards 2011

6 Kwang J. Kim
The study of Urban Form in South Korea
Journal of URBAN MORPHOLOGY, Vol. 16.2

7 Seoul Metropolitan Government
Seoul Metropolitan Government Report
The Seoul Master Urban Planning Towards 2011, 1997, p.64

8 Ash Amin (essay)
Rethinking Local Specificity and Community
Shrinking Cities Vol. 2, INTERVENTIONS, Hatje Cantz Verlag, Germany, 2006, p.559

9 Hae Un Rii
Development of Transportation Network
Seoul, 20th Century Growth and Change of the Last 100 Years, SDI, 2003, p. 186

10 New Oxfords American Dictionary definition

11 Lancelot Coar
Building Sustainable Communities Through Education
http://www.youtube.com/watch?v=wMwq2MRFGg8

12 Kenneth Frampton
Modern Architecture a Critical History
Thames and Hudson, New York, 1980, p.22

13 Edward Burtynsky
http://www.edwardburtynsky.com/

14 Dan Graham (essay), Gordon Matta-Clark, pp. 378-380

15 Shannon Mattern (essay)
'Paju Book City and South Korea' s Digital Future'
http://places.designobserver.com/feature/paju-book-city-south-korea/37611/

16 Kisuk Lee (essay)
Seoul, 20th Century Growth and Change of the Last 100 Years, SDI, 2003, pp. 23-45

17 "livingINDUSTRIAL" was presented at Seoul Art Space Gallery by Kuhn Park and Jeff Nesbit (of Texas Tech University College of Architecture) and Eric Reeder of Konkuk University Graduate School of Architecture. 2013

18 Kim Kang
Roof Museum Project_ City is Ours, City of Arts Conciliatory, 2007

19 Kwangjun Kim
Seoul, 20th Century Growth and Change of the last 100 Years, SDI, 2003, P.6

20 Bruce Thomas
Culture, Merchandise, or Just Light Entertainment? New Architecture at the Millennium Journal of Architecture Education, 1997 50/4, p. 255

21 Sei-Kwan Sohn
Changes in the Residential Features of Seoul
Seoul, 20th Century Growth and Change of the Last 100 Years, SDI, 2003, p. 221

22 ibid, p234

23 Lebbeus Woods
Machines for Living
http://lebbeuswoods.wordpress.com/2010/02/27/machines-for-living

All images and illustrations by author unless noted here:

<Fig 3> Seoul city government archives.
<Fig 4> Seoul city map reference, illustration by author.
<Fig 10-12> Images courtesy of Lancelot Coar and the Clearwater Studio:
Works and drawings by Clearwater studio students.
<Fig 14> Crystal Palace Illustration: Wikimedia Commons.
<Fig 15> Gordon Matta-Clark: Wikimedia Commons.
<Fig 16> Seoul Development Institute statistics, illustration by author.
<Fig 18> Seoul city government zoning map reference, illustration by author.
Fig 19> South Korean industry locations, illustration by author.
<Fig 20> Kaeseong aerial maps reference, illustration by author.
<Fig 21> Kaeseong industrial city image from DMZ, Wikimedia Commons.
<Fig 25> Mullae Map, adaptLAB work.
<Fig 29> Kim Jungwook student works.
<Fig 30> Felix Hartz and Frank Herzog student works.
<Fig 31-38> **adapt***LAB* works, photography by author.
<Fig 40> Seoul city government statistic, illustration adaptLAB.
<Fig 41> Seoul city statistics, illustration by author.
<Fig 43> Seoul city statistics, illustration adaptLAB.
<Fig 44-46> Daechon Oh student works.
<Fig 47-50> COIRE collaborative work.
<Fig 52> Image courtesy of Boris Oicherman.
<Fig 53> Aerial maps reference, illustration by author.
<Fig 56-57> Photography by author appearing courtesy of Boris Oicherman.
<Fig 59> **adapt***LAB* research and illustration.
<Fig 60-71> **adapt***LAB* work, photography by author.
<Fig 73> Seoul city statistics, COIRE collaborative work.
<Fig 75-83> COIRE collaborative work

PROJECT CREDITS

INDUSTRIAL SEOUL research and statistics

Cho JungMin, Jung ChulHun, Kim JuYoung, Kim Miji, Koo Hyun Mo, Lee InOk, Yoo YeJi

Mullae: *living*INDUSTRIAL

A collaborative exhibition with SeoulStudio of Texas Tech University, College of Architecture. Directed by professors Park Kuhn and Jeff Nesbit.

Spring-summer 2011

adapt*lab* studio participants:

Youn-hoan Kim project space LAB39 director/ collaborator

Kim Kang project space LAB39 director/ collaborator

Baum-chul Kwon project space LAB39 director/ collaborator

Jang Chang project space LAB39 collaborator

Students spring

Kim Gaeun, Lee Seungyeon, Lee Changho, Felix Hartz, Frank Herzog, Kim Yesun, Lee Changsu, Lee Jiyoung, Kim Jungwook

Students summer

Chang Eunjoo, Kim Hyunju, Kang Minwoo, Gwon Soojung, Ju Jaewoon, Lee Jeewoon, Lee Boram, Park Sangjun, Yang Insuk

TRANSIT HOUSE:

A Project for Refugee Housing in Seoul

Fall 2010 adaptlab participants:

Im Hyunkyu, Oh Daecheon, Chae Minsoo, Kim Sunok, Kim Eunah, Kim Hyerun, Shin Jina, Cheon Changmin

TRANSIT HOUSE' from COIRE collaborative.

More at www.co-re.net

SAEWOON Market Station

Eric Reeder with Boris Oicherman, (Installation and Photography) with Assistant Lee Jeewon

More at www.oicherman.com

Re C Y C L E R: Old and New

SUMMER 2012 R e C Y C L E R I

Park Jiil, Jung Sangyong, Lee Junki, Oh Namtaek, Son Jaewoo, Kim Miji, Suk Narae

SUMMER 2013 R e C Y C L E R II

Kim Bokyung, Jung Sunghoon, Kyung Jinjo, Kim Inkyung, Lee Wonsuk, Kim Bora, Kim Jaemin, Song Siyeol, Bang Sukjun, Kim Yoojin, Jang Bongwoon, Park Sona, Koo Hyunmo, Song Gangbin

Housing Seoul: Urban NEST(ing)

COIRE collaborative (Eric Reeder design direction)
with Assistants Song Seunghee and Jo Seunghwang

The author would like to thank in addition, the following individuals for their contributions, advice, and time in the compilation of this work: Lancelot Coar, Daniel Oh, Kim Jongjin, Kang Jaehee (translations), Park Sona (translations), and publishing assistance by Lee.Ryonghi